Ellen Müller: Zahlenaufbau bis 100 in kleinen Schritten

Inhaltsverzeichnis

1.-5	Zehnerzahlen (Grafische Darstellung)
6.	Nachbarzehner
7./8.	Zahlenvergleich «, =, »/Zehnerzahlen
9.–12.	Arbeit mit dem Zahlenstrahl
13.	Zehnerzahlen ordnen
14./15.	Ergänzen bis zum Hunderter
16.	Weiterzählen
17./18.	Addition (Grafische Darstellung)
19.	Addition (Zehnerzahlen)
20.	Zerlegen
21.	Ergänzen und Zerlegen
22.	Sachaufgaben (Addition)
23./24.	Subtraktion (Grafische Darstellung)
25.	Der schnelle Weg der Subtraktion (Zehnerzahlen)
26.	Subtraktion (Zehnerzahlen)
27.–29.	Addition und Subtraktion (Zehnerzahlen)
30./31.	Zweistellige Zahlen (Grafische Darstellung)
32.	Arbeit mit der Stellentafel (1)
33.	Zahlwörter (1)
34./35.	Arbeit mit der Stellentafel (2), (3)
36.	Zahlenvergleich
37.	Zahlwörter (2)
38.	Zahlen vergleichen und ordnen
39./40.	Vorgänger und Nachfolger
41.	Addition ohne Zehnerübergang
42.–45.	Ergänzen zum Zehner
46.–49.	Addition mit Zehnerübergang
50.–53.	Subtraktion mit Zehnerübergang
54.	Addition und Subtraktion mit Zehnerübergang

55.–68. Lösungen (zu den Blättern 3. bis 54.)

Zehnerzahlen (1)

Kreise immer 10 **Würfel** ein und male sie mit der gleichen Farbe an!

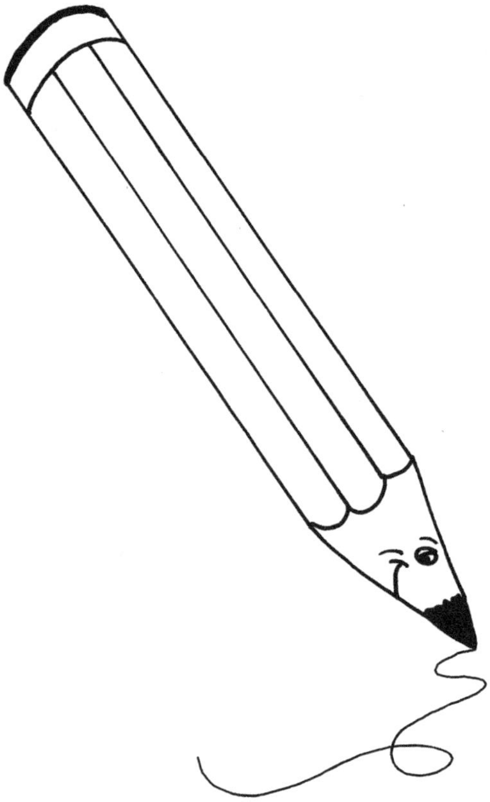

❶

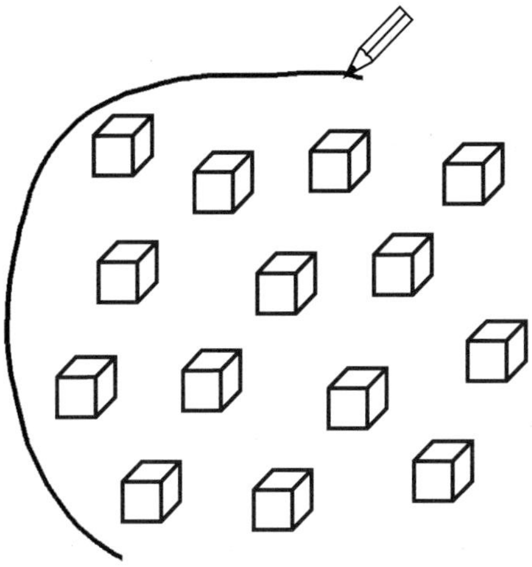

❷

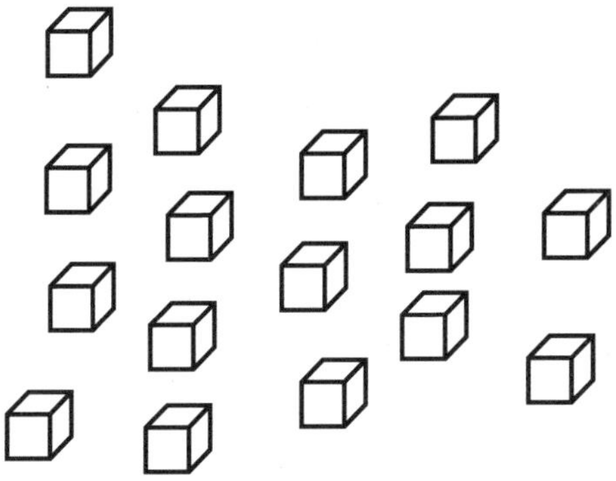

❸ 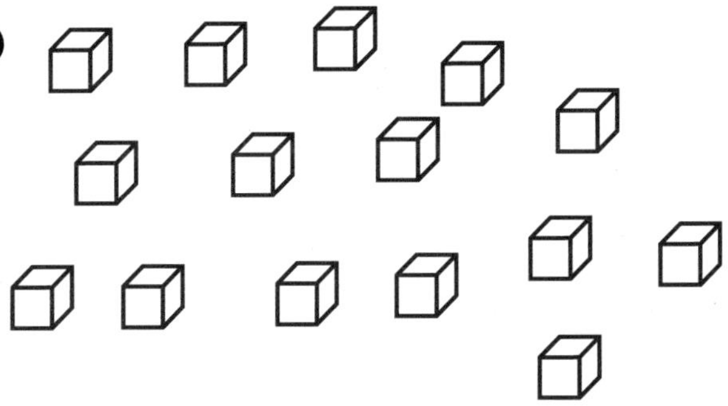 ❹

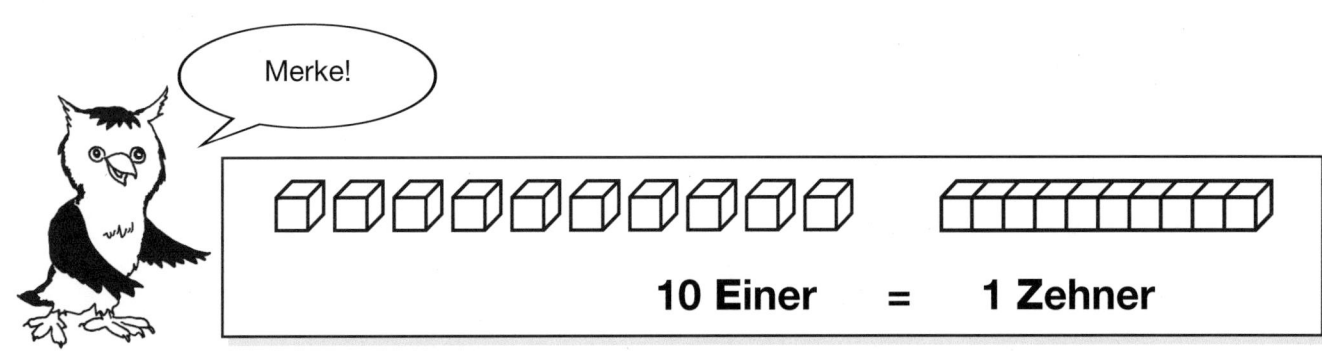

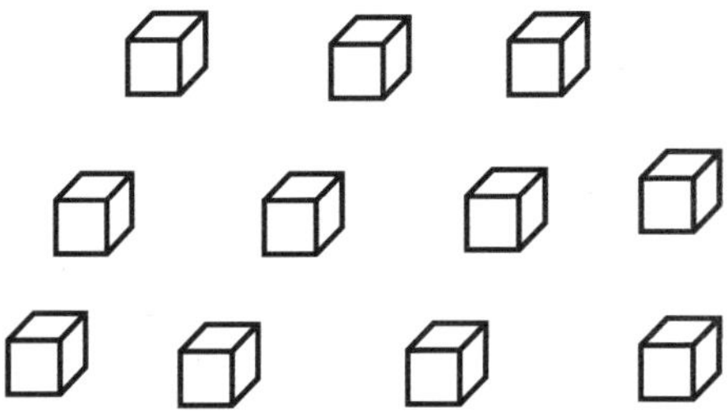

Merke!

10 Einer = 1 Zehner

Zehnerzahlen (2)

Male immer 10 **E**iner mit der gleichen Farbe an.

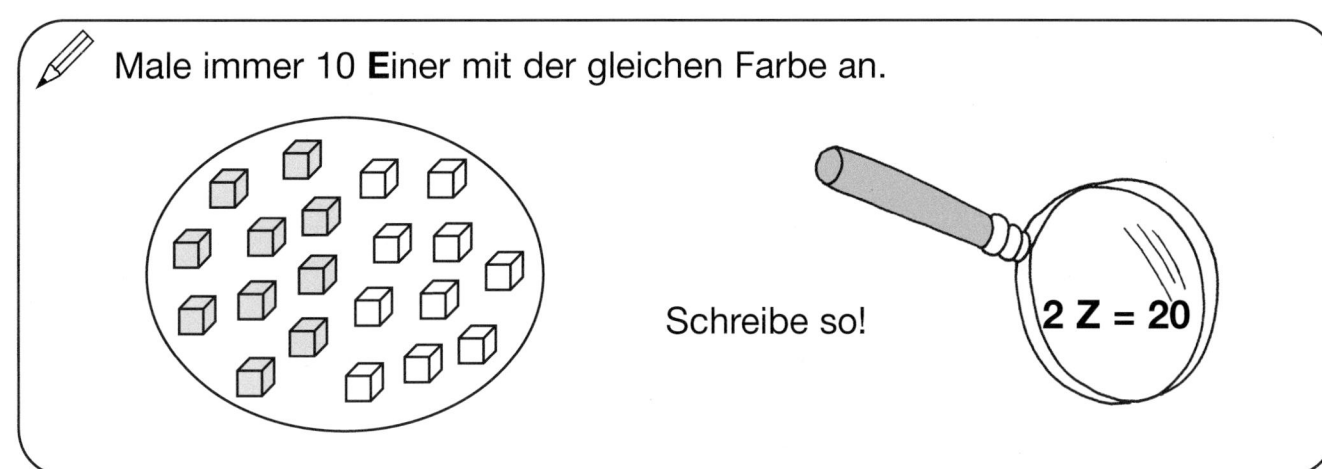

Schreibe so! **2 Z = 20**

❶
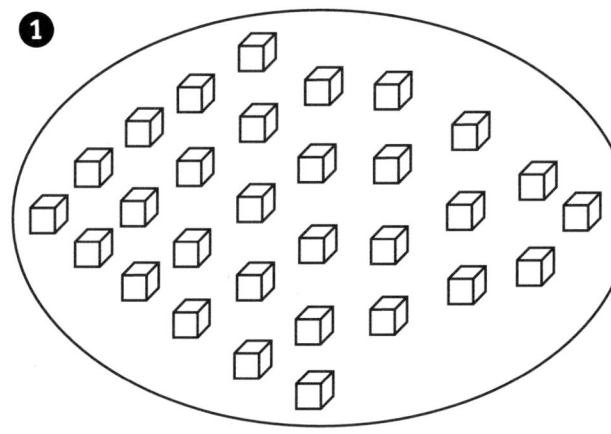

____ Z = ____

❷
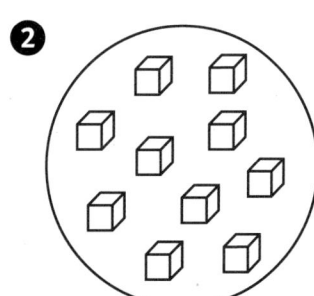

____ Z = ____

❸
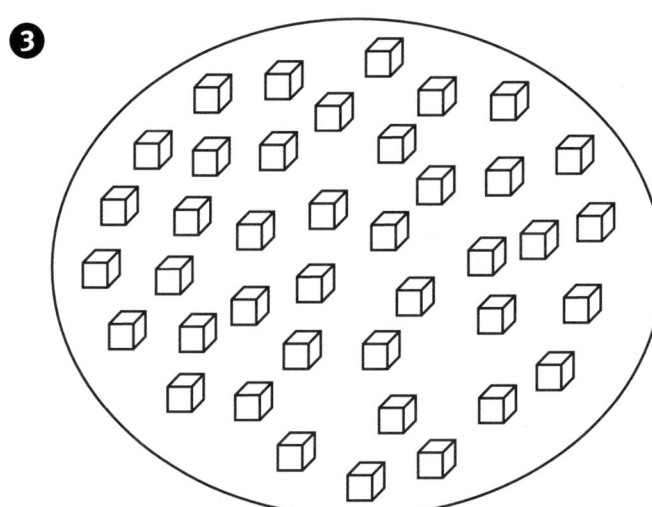

____ Z = ____

„Wir sind **Z**ehnerzahlen."

Zehnerzahlen (3)

1 ✏️ Verbinde.

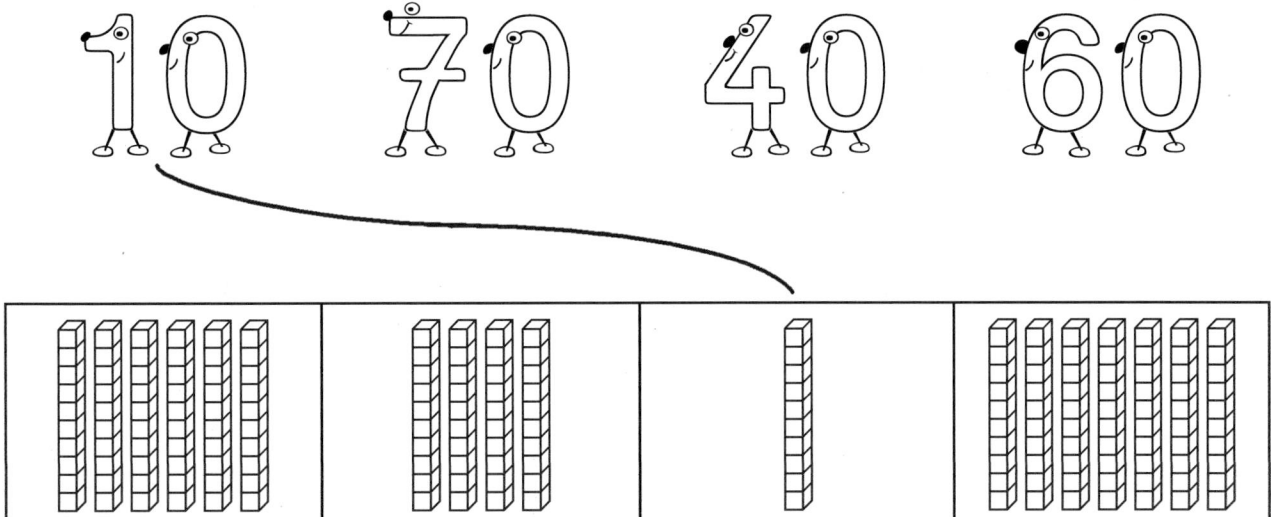

2 ✏️ Verbinde.

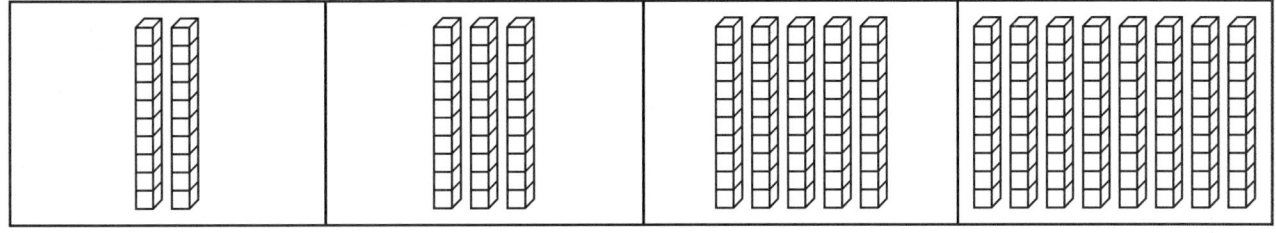

3 ✏️ Zeichne die **Z**ehnerzahlen. 50 = |||||

a) 70 =   b) 20 =   c) 60 =

d) 50 =   e) 30 =   f) 90 =

Zehnerzahlen (4)

❶ Zähle die Zehner und schreibe die Anzahl in das Kästchen.

a)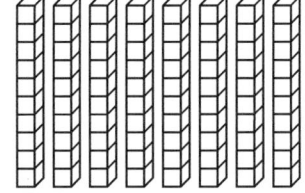

b)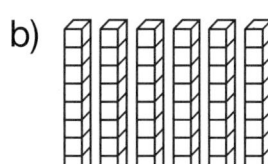

c)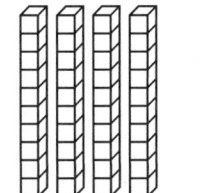

d)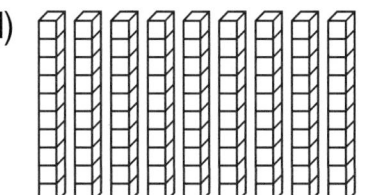

❷ Zeichne die Zehnerzahlen. 50 = |||||

a) 30 =

b) 70 =

c) 40 =

d) 60 =

e) 10 =

f) 90 =

❸ Lies die Zahlen und schreibe sie in die Luftballons.

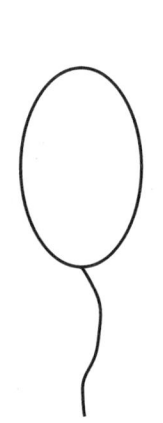 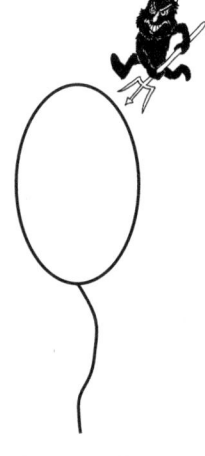   

achtzig vierzehn siebzig neunzig vierzig

Zehnerzahlen (5)

❶ ✏️ Zeichne die Zehnerzahlen.   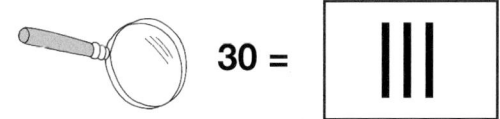 30 = |||

a) 50 =   b) 70 =   c) 20 =

d) 80 =   e) 40 =   f) 90 =

❷ Zähle die Zehner. Schreibe die Zehnerzahl unter den Wagen.

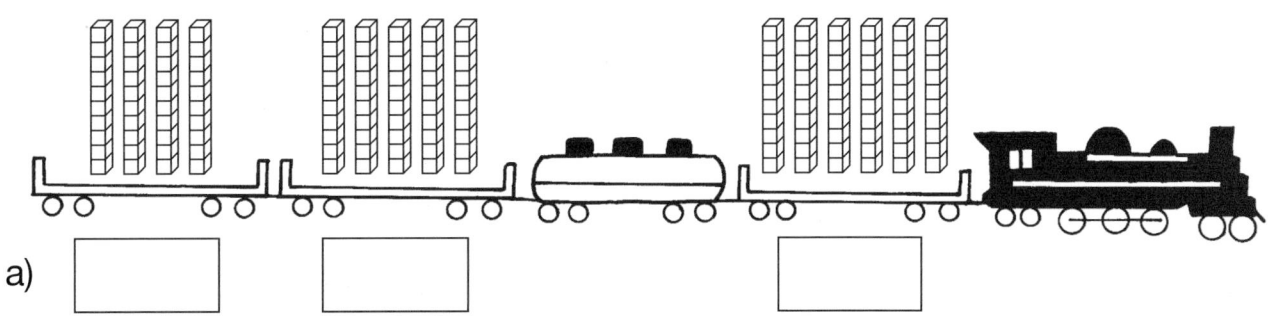

a)

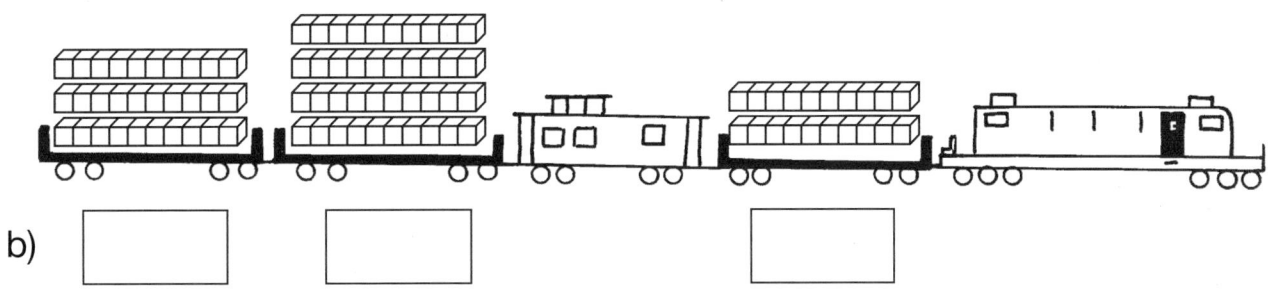

b)

❸ ✏️ Zeichne die Zehner in den Wagen.

70   90   80

Nachbarzehner

Das große Rennen

❶ Welcher Rennwagen fährt **vor** der 40 ?

❷ Welcher Rennwagen fährt **nach** der 40 ?

❸ Bestimme die Nachbarzehner. Benutze den Zahlenstrahl.

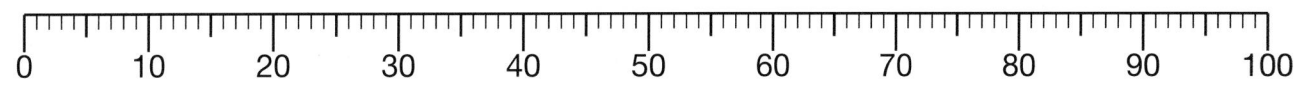

a)

vor	a	nach
	40	
	60	
	30	
	20	

b)

vor	a	nach
	70	
	50	
	80	
	90	

❹ Welche **Z**ehner liegen zwischen 40 und 70?

❺ Welche **Z**ehner sind kleiner als 50?

❻ Welcher **Z**ehner ist größer als 20, aber kleiner als 40?

Ellen Müller: Zahlenaufbau bis 100 in kleinen Schritten
© Persen Verlag

Zahlenvergleich/Zehnerzahlen (1)

 Diese Zeichen kennst du.

 „gleich"

 „kleiner als"

 „größer als"

❶ Vergleiche die **Z**ehner und setze das richtige Zeichen ein.

 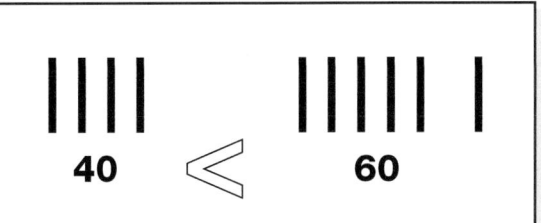

40 < 60

a) 30 ☐ 60

b) 50 ☐ 40

c) 100 ☐ 60

d) 60 ☐ 90

 So kannst du **Zahlen** auch **vergleichen**!

70 > 40

bekannte Zahlen: 7 > 4

❷ ✏ Male zuerst die bekannten Zahlen farbig aus.
Setze das richtige Zeichen (<, =, >) ein.

a)
8︎0		9︎0
4︎0		6︎0
2︎0		5︎0
7︎0		7︎0

b)
40		70
20		50
90		60
80		80

c)
30		10
50		60
10		80
70		90

Zahlenvergleich/Zehnerzahlen (2)

❶ Vergleiche die Zehner und setze das richtige Zeichen (<, =, >) ein.

a) 80 ☐ 50   b) 90 ☐ 80
    30 ☐ 40   70 ☐ 60
    60 ☐ 60   40 ☐ 50
    10 ☐ 70   30 ☐ 90

❷ Bestimme die Nachbarzehner.

a)
vor	a	nach
	50	
	20	
	30	
	40	

b)
vor	a	nach
	60	
	90	
	80	
	70	

❸ Schreibe die Zehner auf, die kleiner als 70 sind.

☐ ☐ ☐ ☐ ☐ ☐

 **70**

❹ Schreibe die Zehner auf, die größer als 50 und kleiner als 100 sind.

☐ ☐ ☐ ☐

 **50**

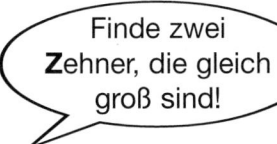

Finde zwei Zehner, die gleich groß sind!

Arbeit mit dem Zahlenstrahl (1)

❶ Trage folgende **Zehner** ein: 30, 70, 90, 80, 50.

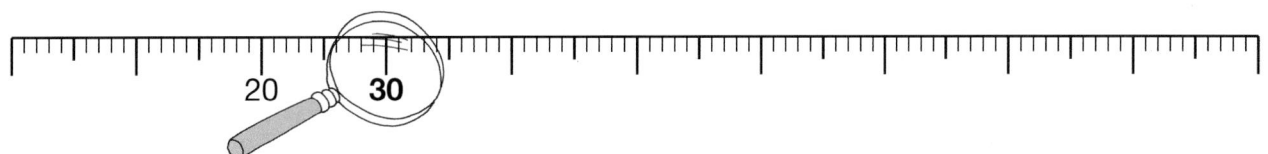

❷ Springe in **20er-Sprüngen vorwärts**!

a) Zeichne die Pfeile ein!

b) Schreibe die Zahlen auf: | 20 | 40 | | | |

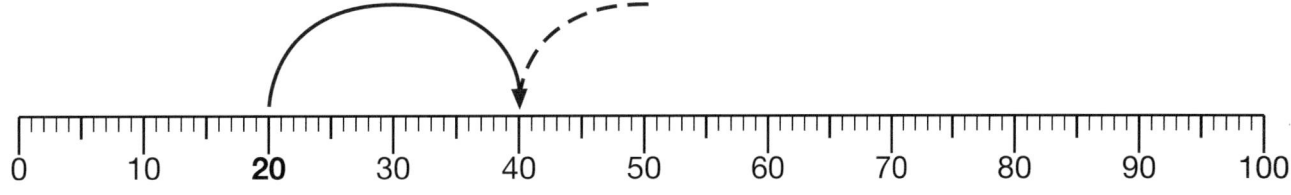

❸ Springe in **30er-Sprüngen vorwärts**!

a) Zeichne die Pfeile ein!

b) Schreibe die Zahlen auf: | 10 | | | |

Arbeit mit dem Zahlenstrahl (2)

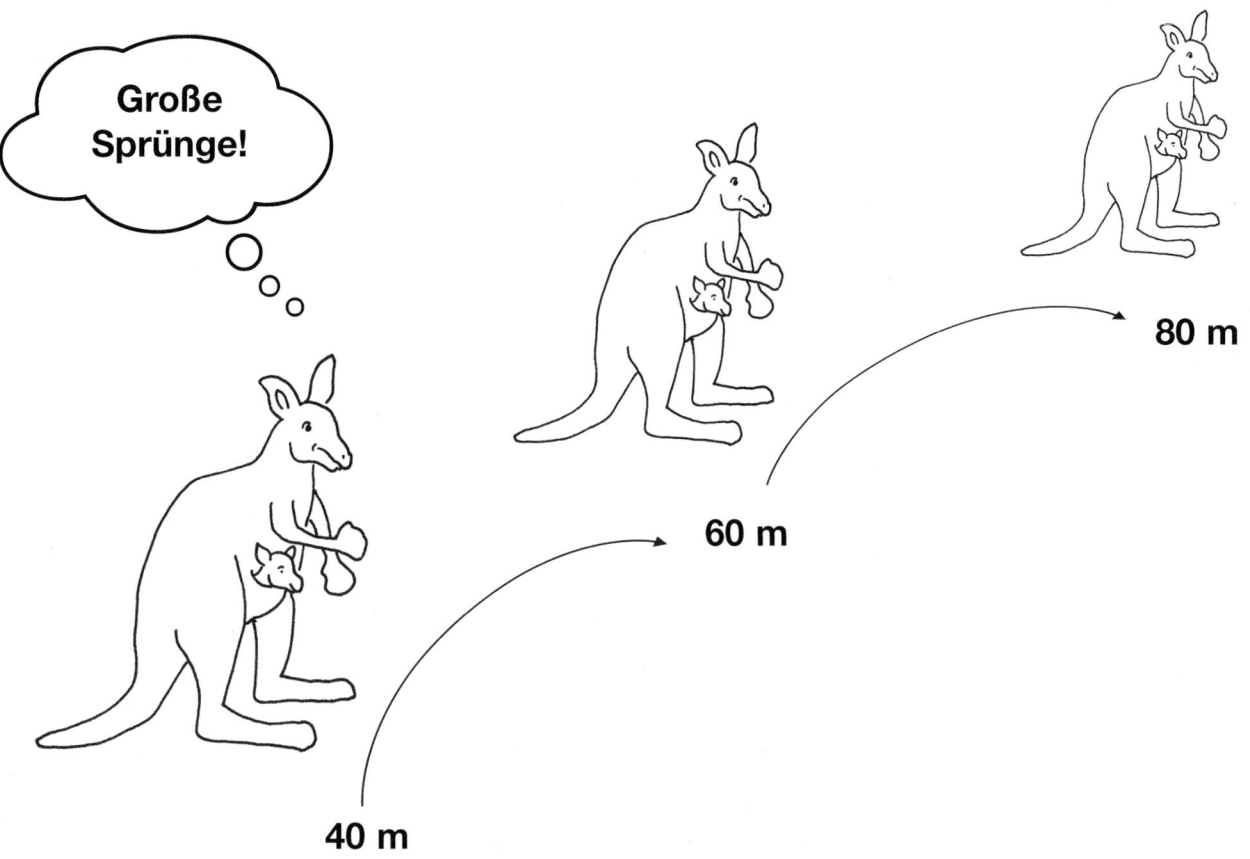

❶ Springe in **20**er-Sprüngen **vorwärts**. Starte bei **10**.

a) Zeichne die Pfeile mit einem roten Stift ein.

b) Schreibe die Zahlen auf: | 10 | | | | | |

❷ Springe in **30**er-Sprüngen **vorwärts**. Starte bei **10**.

a) Zeichne die Pfeile mit einem blauen Stift ein.

b) Schreibe die Zahlen auf: | 10 | | | |

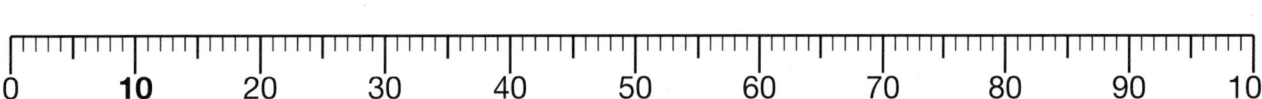

Ellen Müller: Zahlenaufbau bis 100 in kleinen Schritten
© Persen Verlag

Arbeit mit dem Zahlenstrahl (3)

❶ ✏ Zeichne zuerst die Sprünge auf dem Zahlenstrahl ein.
Benutze verschiedene Farben für die Aufgaben a), b) und c).

a) Zahlenfolgen: | 90 | 80 | | | |

b) Zahlenfolgen: | 90 | 60 | | |

c) Zahlenfolgen: | 100 | 80 | | | | |

❷ Trage die Nachbarzehner ein.

a) **vor** 30 kommt **20** e) **nach** 30 kommt

b) **vor** 50 kommt f) **nach** 50 kommt

c) **vor** 90 kommt g) **nach** 90 kommt

d) **vor** 70 kommt h) **nach** 70 kommt

❸ 👍 Rückwärts springen.

Immer ein 10er-Sprung → | 95 | 85 | | | | | | | |

Ellen Müller: Zahlenaufbau bis 100 in kleinen Schritten
© Persen Verlag

Arbeit mit dem Zahlenstrahl (4)

❶ Springe immer **einen** 10er-Sprung weiter.
Trage die Zahlen in die Kästchen ein.

❷ Springe immer **zwei** 10er-Sprünge weiter.
Trage die Zahlen in die Kästchen ein!

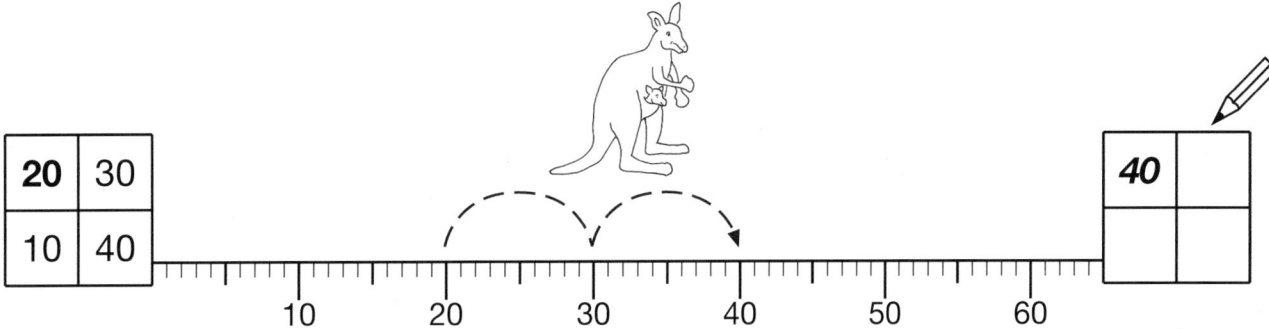

❸ Springe immer **drei** 10er-Sprünge weiter.
Trage die Zahlen in die Kästchen ein.

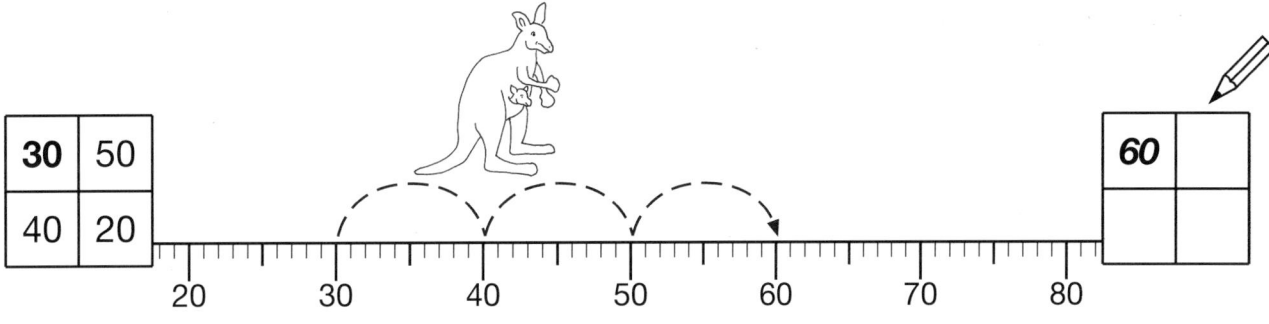

❹ Hier musst du aufpassen! Trage die Zahlen in die Kästchen ein.

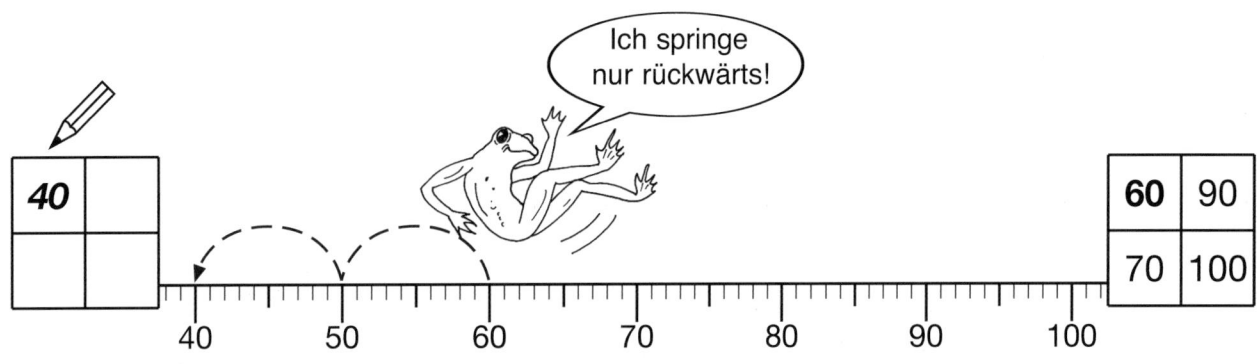

Ellen Müller: Zahlenaufbau bis 100 in kleinen Schritten
© Persen Verlag

Zehnerzahlen ordnen

❶ Zeichne die **Z**ehner in die Luftballons.

| 30 | 80 | 70 | 50 | 40 |

❷ Ordne die **Z**ehner aus ❶. Beginne mit dem kleinsten **Z**ehner.

❸ Schreibe die **Z**ehnerzahl unter das Zahlwort.

a) neunzig   siebzig   vierzig   fünfzig   achtzig

b) Ordne die Zehner aus ❸ a). Beginne mit dem größten **Z**ehner.

❹ Verbinde die **Z**ehner in der richtigen Reihenfolge.
Beginne mit der dick gedruckten Zahl. Du erhältst einen Tiernamen.

Ellen Müller: Zahlenaufbau bis 100 in kleinen Schritten
© Persen Verlag

Ergänzen bis zum Hunderter (1)

Zähle die Zehner.

Merke:

___ Z = 1 H

❶ Zeichne immer so viele **Z**ehner, dass ein **H**underter (1 H) entsteht.

a)
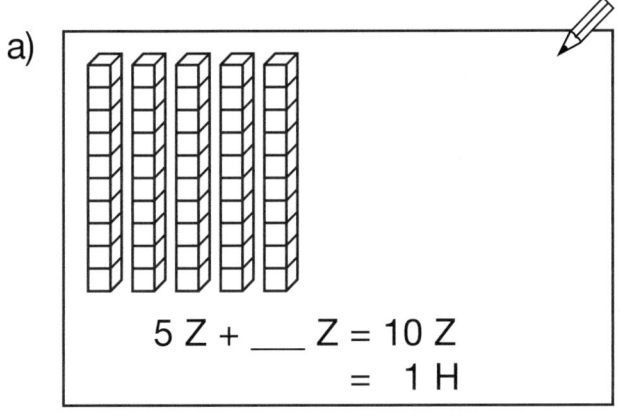
5 Z + ___ Z = 10 Z
= 1 H

b)
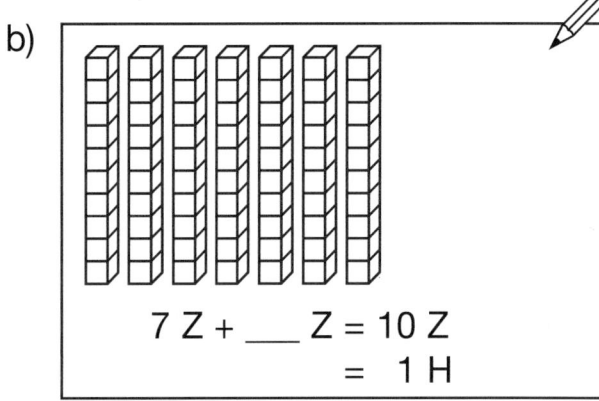
7 Z + ___ Z = 10 Z
= 1 H

c)
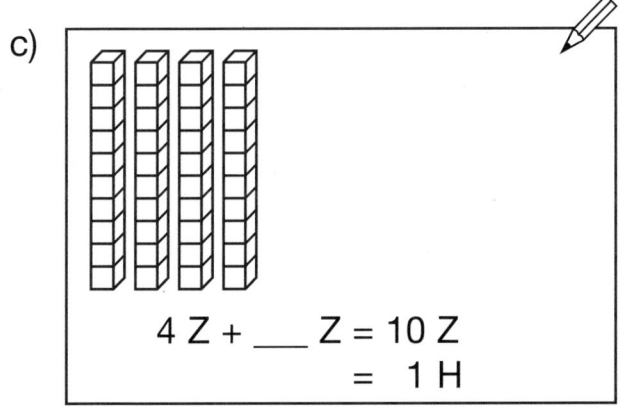
4 Z + ___ Z = 10 Z
= 1 H

d)
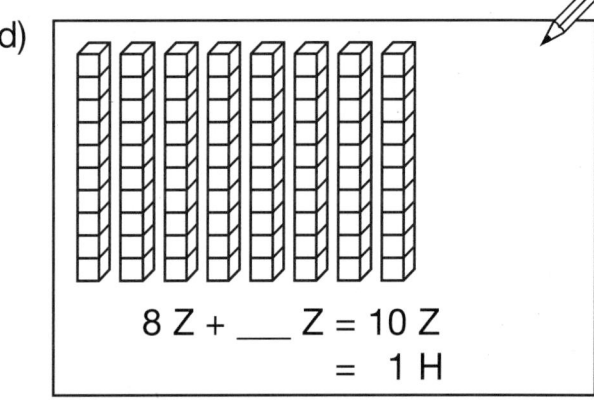
8 Z + ___ Z = 10 Z
= 1 H

Ellen Müller: Zahlenaufbau bis 100 in kleinen Schritten
© Persen Verlag

Ergänzen bis zum Hunderter (2)

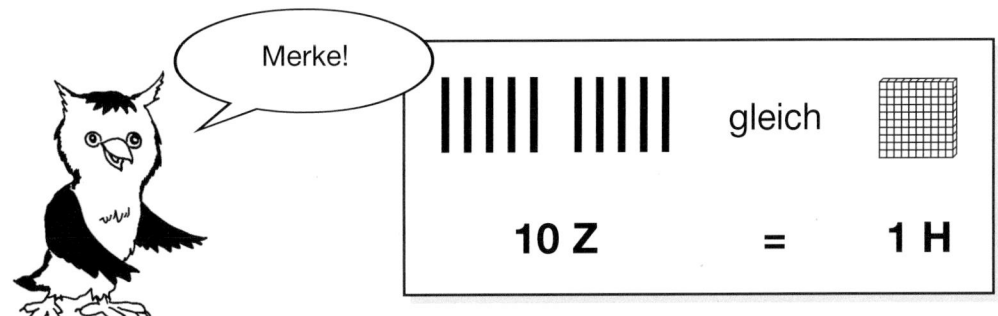

❶ Rechne immer bis . Zeichne die fehlenden **Z**ehner ein und ergänze die fehlende Zahl.

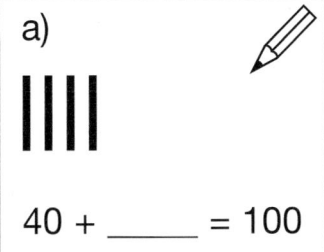
40 + ____ = 100

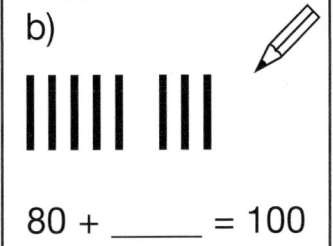
80 + ____ = 100

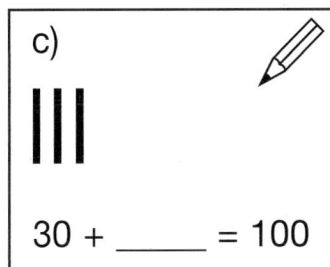
30 + ____ = 100

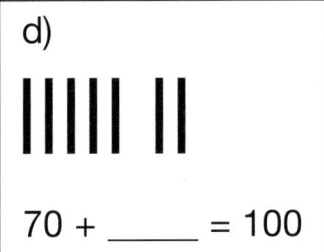
70 + ____ = 100

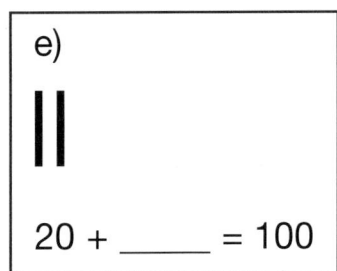
20 + ____ = 100

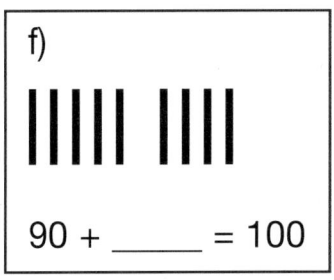
90 + ____ = 100

❷ Ergänze bis 100.

10 + ____ = 100

50 + ____ = 100

60 + ____ = 100

80 + ____ = 100

30 + ____ = 100

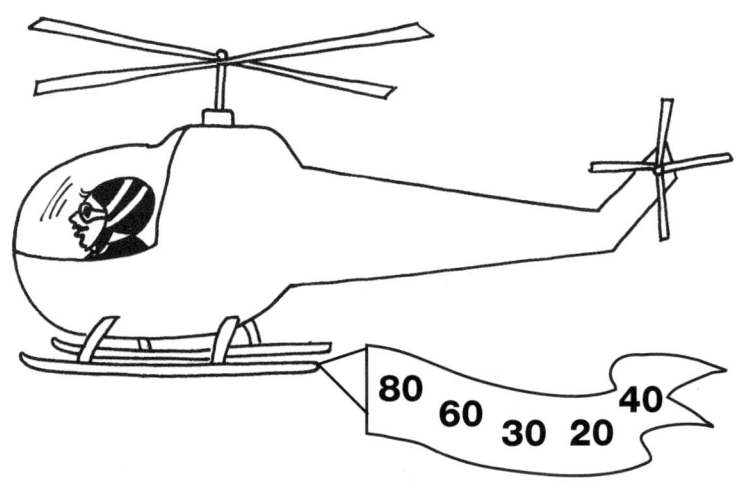

80 60 30 20 40

❸ Ordne die **Z**ehnerzahlen. Beginne mit dem kleinsten **Z**ehner.

____, ____, ____, ____, ____

Weiterzählen

❶ Rechne immer bis 90.

70	60	80	20	30	50	40	10
20							

❷ Rechne immer bis 70.

40	30	60	20	70	50	10
30						

❸ Rechne immer bis 50.

20	40	30	50	10
30				

Zähle in 10er-Schritten weiter. Du kannst den Zahlenstrahl benutzen.

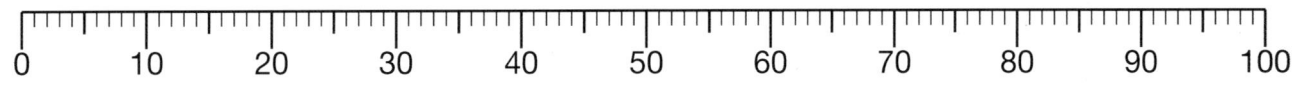

❹ a) Male alle **Z** an, die größer als 40 sind.

b) Male alle **Z** an, die kleiner als 60 sind.

c) Male alle **Z** an, die größer als 20 und kleiner als 80 sind.

d) Male alle **Z** an, die kleiner als 70 sind.

80	60	50	90	70
10	30	60	40	20
20	40	80	10	30
30	40	70	20	40
10	20	90	10	30
20	30	50	40	20

80	20	40	70	60
50	70	80	40	90
40	90	70	30	100
10	70	90	20	70
30	80	70	40	60
80	50	20	60	90

30	10	80	90
50	80	90	10
70	90	80	10
40	80	10	100
50	100	80	90
60	70	30	80

60	90	80	100
40	100	70	90
20	70	80	100
30	80	90	70
50	70	90	80
10	50	30	70

Ellen Müller: Zahlenaufbau bis 100 in kleinen Schritten
© Persen Verlag

Addition – Zehnerzahlen (1)

❶ Addiere die Zehner. Schreibe die Aufgabe darunter.

a)
60 + 30 = __

b)
__ + __ = __

c)
__ + __ = __

d)
__ + __ = __

e)
__ + __ = __

f)
__ + __ = __

❷ Zeichne die Aufgaben in die Kästchen und rechne dann.

a)
30 + 20 = __

b)
20 + 20 = __

c)
10 + 10 = __

d)
40 + 50 = __

e)
10 + 60 = __

f)
90 + 10 = ___

Die Ergebnisse aus Nummer ❷ siehst du in den grauen Perlen.

Ellen Müller: Zahlenaufbau bis 100 in kleinen Schritten
© Persen Verlag

Addition – Zehnerzahlen (2)

❶ Addiere die Zehner. Schreibe die Aufgabe darunter.

a)
40 + 30 = __

b)
__ + __ = __

c)
__ + __ = __

d)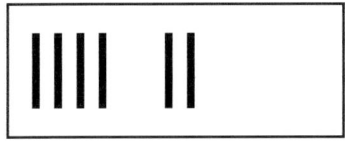
__ + __ = __

e)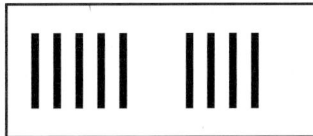
__ + __ = __

f)
__ + __ = __

❷ Zerlege die  in Zehnerzahlen.

a) 90 = 50 + 40

b) 90 = __ + __

c) 90 = __ + __

d) 90 = __ + __

❸ Zerlege die  in Zehnerzahlen.

Finde 7 Aufgaben. Denke daran, du kannst die Zehner auch vertauschen.

a) 80 = ___ + ___

b) 80 = ___ + ___

c) 80 = ___ + ___

d) 80 = ___ + ___

e) 80 = ___ + ___

f) 80 = ___ + ___

g) 80 = ___ + ___

Addition – Zehnerzahlen (3)

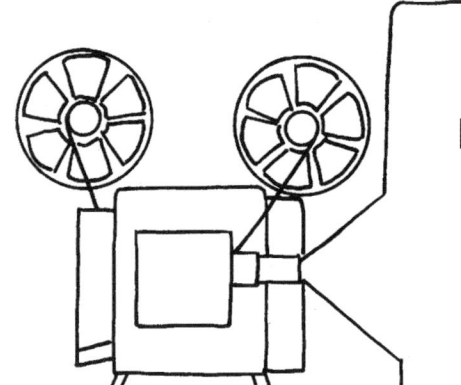

Das kannst du schon:

4 + 3 = 7

Dann kannst du das auch.

40 + 30 = 70

❶ Male die Zahlen in der bekannten Aufgabe aus.

a)
5 + 3 =
50 + 30 =
2 + 2 =
20 + 20 =
7 + 2 =
70 + 20 =

b)
4 + 4 =
40 + 40 =
6 + 3 =
60 + 30 =
2 + 8 =
20 + 80 =

c)
50 + 40 =
70 + 10 =
40 + 50 =
30 + 20 =
10 + 60 =
60 + 20 =

❷ Finde die Aufgaben mit dem gleichen Ergebnis. Male sie mit der gleichen Farbe an.

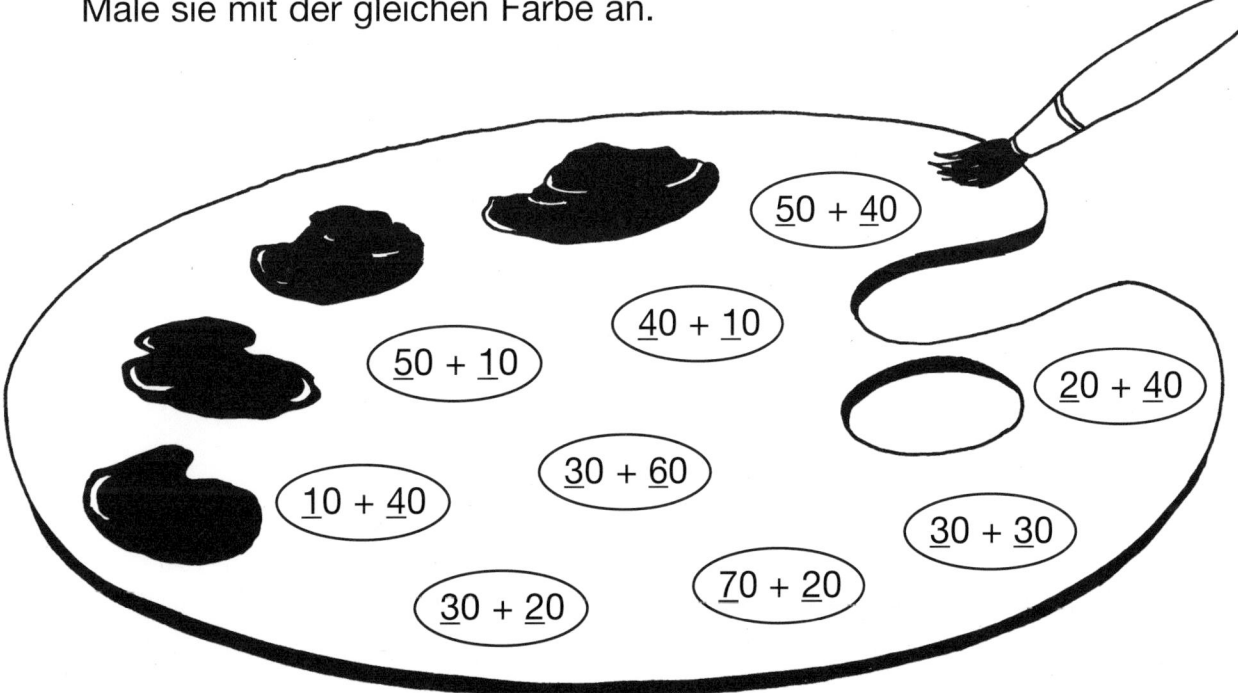

Ellen Müller: Zahlenaufbau bis 100 in kleinen Schritten
© Persen Verlag

Zerlegen – Zehnerzahlen

❶ Familie Kaiser hat 100 € gewonnen.

Verteile das Geld an alle Familienmitglieder.

Verteile das Geld anders.

100 € = ☐ € + ☐ € + ☐ € + ☐ € + ☐ €

❷ Zerlege 90. Finde **fünf** verschiedene Möglichkeiten.

a) 90 = ☐ + ☐ + ☐ + ☐ + ☐

b) 90 = ☐ + ☐ + ☐ + ☐ + ☐

c) 90 = ☐ + ☐ + ☐ + ☐

d) 90 = ☐ + ☐ + ☐ + ☐

e) 90 = ☐ + ☐ + ☐ + ☐

Du kannst die gleichen **Zehner** auch mehrmals verwenden.

Ergänzen und Zerlegen

❶ Welche Zehnerzahlen werden eingetippt?

30 + __50__ = 80

a) 20 + ____ = 80

b) 40 + ____ = 80

c) 60 + ____ = 80

d) 70 + ____ = 80

❷ Ergänze!

a)
20 + ☐ = 70
40 + ☐ = 70
60 + ☐ = 70
50 + ☐ = 70
30 + ☐ = 70

b)
40 + ☐ = 60
30 + ☐ = 60
50 + ☐ = 60
20 + ☐ = 60
60 + ☐ = 60

c)
40 + ☐ = 90
30 + ☐ = 90
10 + ☐ = 90
70 + ☐ = 90
50 + ☐ = 90

❸ Zerlege die 100 in drei Zehnerzahlen.

Verwende diese Zehner: 20, 20, 20, 30, 50, 60

a) 100 = ☐ + ☐ + ☐

b) 100 = ☐ + ☐ + ☐

Ellen Müller: Zahlenaufbau bis 100 in kleinen Schritten
© Persen Verlag

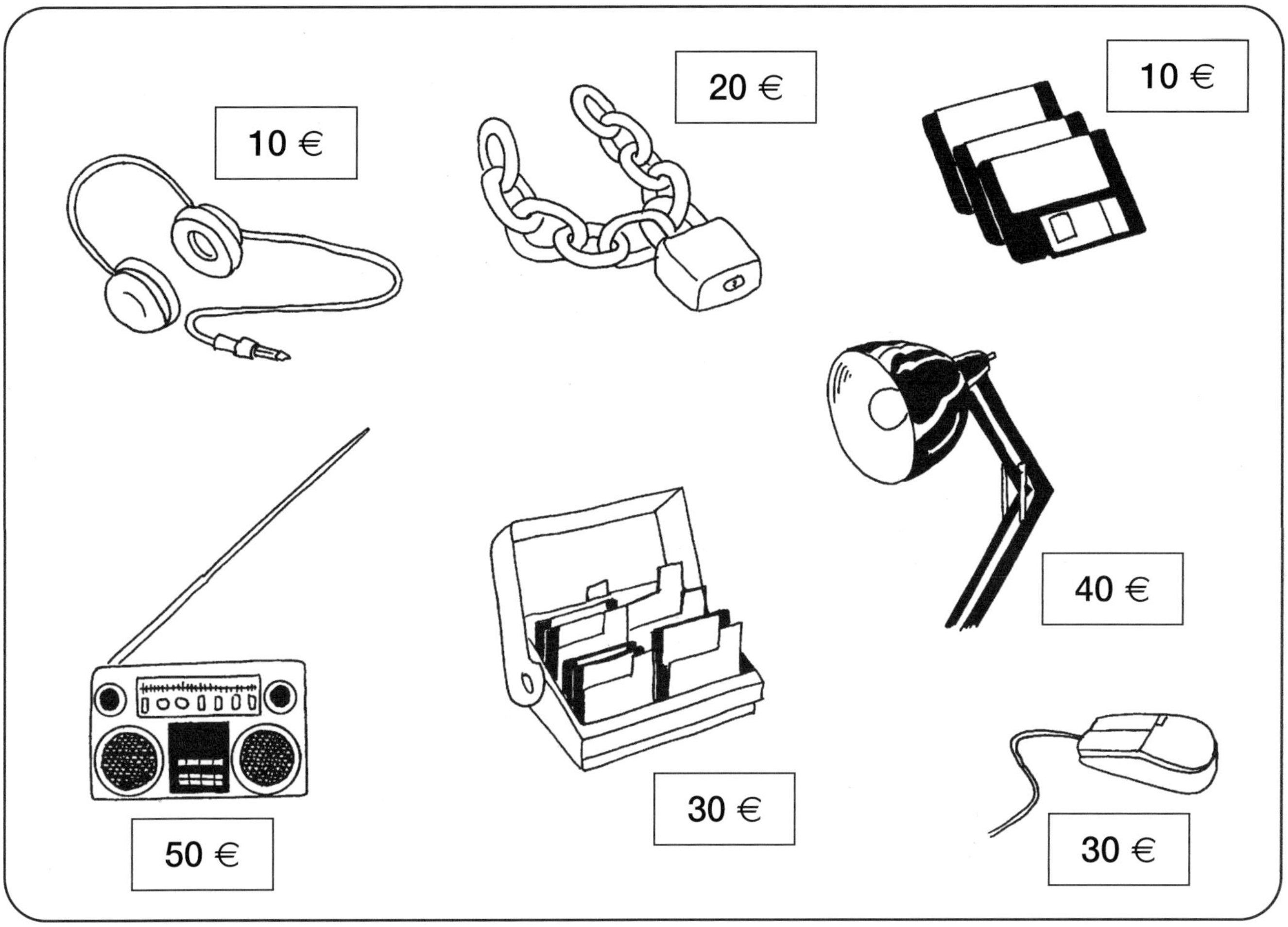

Sachaufgaben (Addition)

22

[Abbildung: Kopfhörer 10 €, Kette mit Schloss 20 €, Disketten 10 €, Lampe 40 €, Radio 50 €, Kassette mit CDs 30 €, Computermaus 30 €]

❶ Maik hat einen Gutschein über 80 €. Er muss den Gutschein einlösen, ohne dass Geld übrig bleibt. Bilde zwei Aufgaben.

a) ☐ € + ☐ € = 80 €

b) ☐ € + ☐ € + ☐ € = 80 €

❷ Jessica hat 90 €. Sie möchte sich die Lampe und die Computermaus kaufen. Wie viel Geld bleibt übrig?

☐ € + ☐ € = ☐ €   Antwort: _____

❸ Oliver möchte sich für 70 € **vier Dinge** kaufen. Er gibt sein ganzes Geld aus.

☐ € + ☐ € + ☐ € + ☐ € = ☐ €

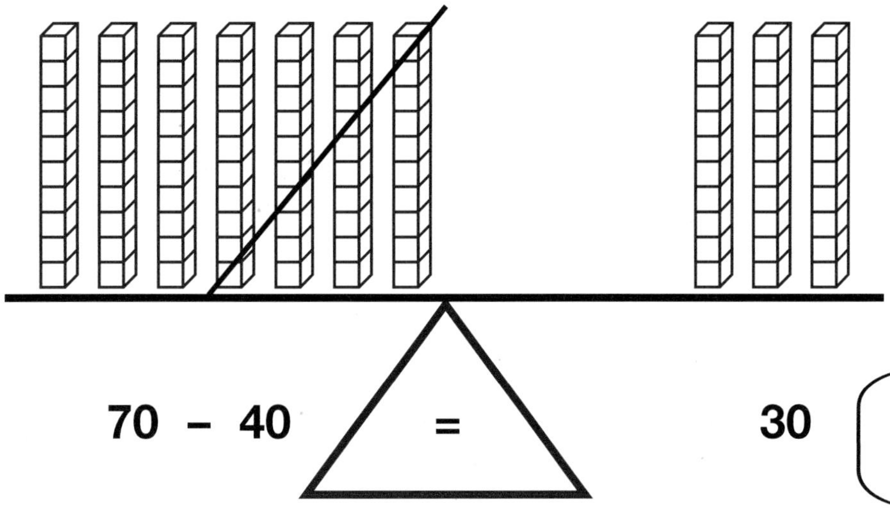

Subtraktion – Zehnerzahlen (1)

70 − 40 = 30

70 − 40   ist das Gleiche wie   30

Aha – kapiert!

❶ Subtrahiere die Zehner. Schreibe die Aufgabe darunter.

a)
90 − 30 = __

b)
80 − __ = __

c)
__ − __ = __

Zähle zuerst alle Zehner!

d)
__ − __ = __

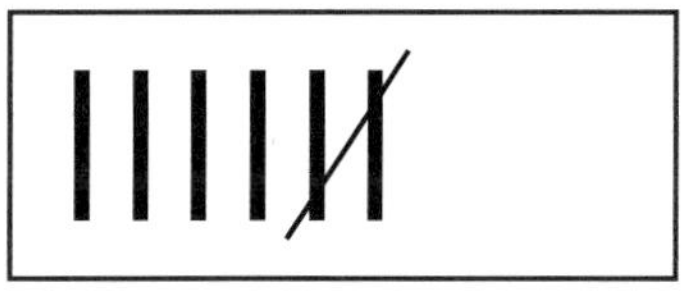

e)
__ − __ = __

f)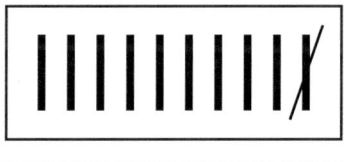
__ − __ = __

g)
__ − __ = __

h)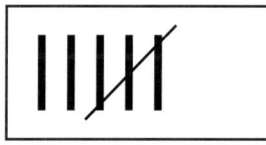
__ − __ = __

Ellen Müller: Zahlenaufbau bis 100 in kleinen Schritten
© Persen Verlag

Subtraktion – Zehnerzahlen (2)

❶ Streiche die Zehner ab, die du subtrahieren sollst.

a)
100 – 30 = __

b)
100 – 40 = __

c)
100 – 50 = __

d)
100 – 20 = __

e)
100 – 60 = __

f)
100 – 70 = __

❷ Subtrahiere immer **20**.

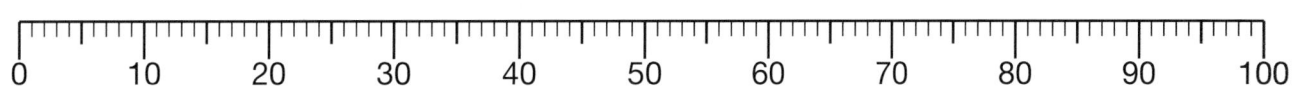

a)
80 – 20 =
60 – 20 =
100 – 20 =
70 – 20 =

b)
50 – 20 =
90 – 20 =
40 – 20 =
30 – 20 =

Beim Subtrahieren kannst du auf dem Zahlenstrahl **rückwärts** springen!

❸ Subtrahiere die **Z**ehnerzahl.

a)
90 – 60 =
70 – 50 =
100 – 30 =
80 – 40 =

b)
60 – 30 =
80 – 50 =
90 – 40 =
40 – 30 =

Ergebnisse zu ❸

| 10 | 20 | 30 | 30 | 30 | 40 | 50 | 70 |

Ellen Müller: Zahlenaufbau bis 100 in kleinen Schritten
© Persen Verlag

Der schnelle Weg der Subtraktion

Das kannst du schon:

7 − 4 = 3

Dann kannst du das auch.

70 − 40 = 30

❶ Male die Zahlen der bekannten Aufgabe aus.

a)
7 − 3 =
70 − 30 =
4 − 2 =
40 − 20 =
7 − 2 =
70 − 20 =

b)
6 − 4 =
60 − 40 =
9 − 3 =
90 − 30 =
9 − 4 =
90 − 40 =

c)
50 − 40 =
70 − 20 =
80 − 50 =
90 − 30 =
80 − 60 =
60 − 50 =

Der Rechenweg geht schnell!

10, 20, 20, 20, 30, 30, 40, 40, 40, 40, 60, 70

❷ Subtrahiere. Die Ergebnisse nennt dir die 1. Schildkröte.

a)
90 − 50 =
60 − 30 =
50 − 20 =
80 − 10 =

b)
80 − 70 =
90 − 50 =
50 − 30 =
70 − 10 =

c)
50 − ☐ = 30
90 − ☐ = 70
80 − ☐ = 40
70 − ☐ = 30

Ellen Müller: Zahlenaufbau bis 100 in kleinen Schritten
© Persen Verlag

Subtraktion – Zehnerzahlen

❶ Suche Subtraktionsaufgaben, die immer das gleiche Ergebnis haben.

a)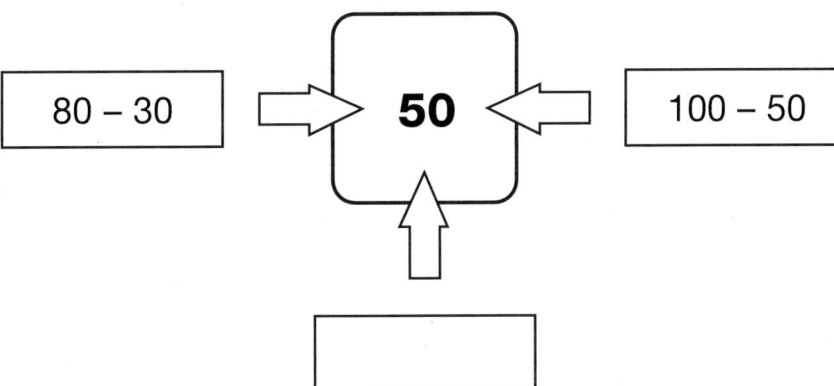

b)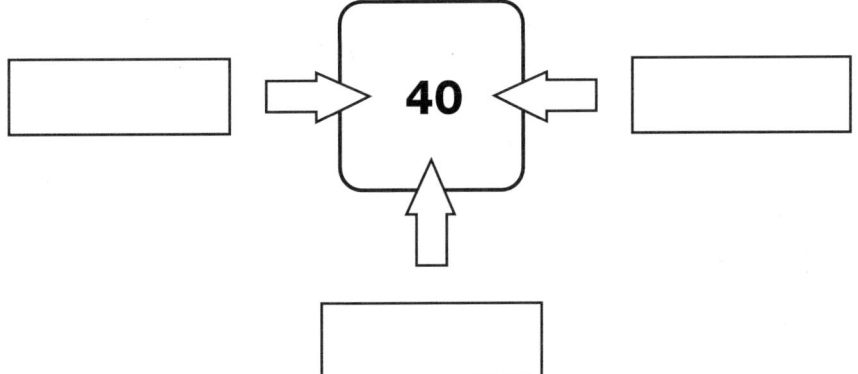

c)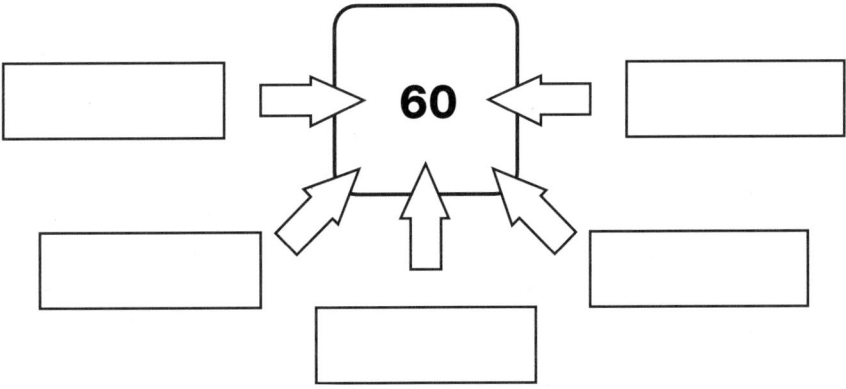

d)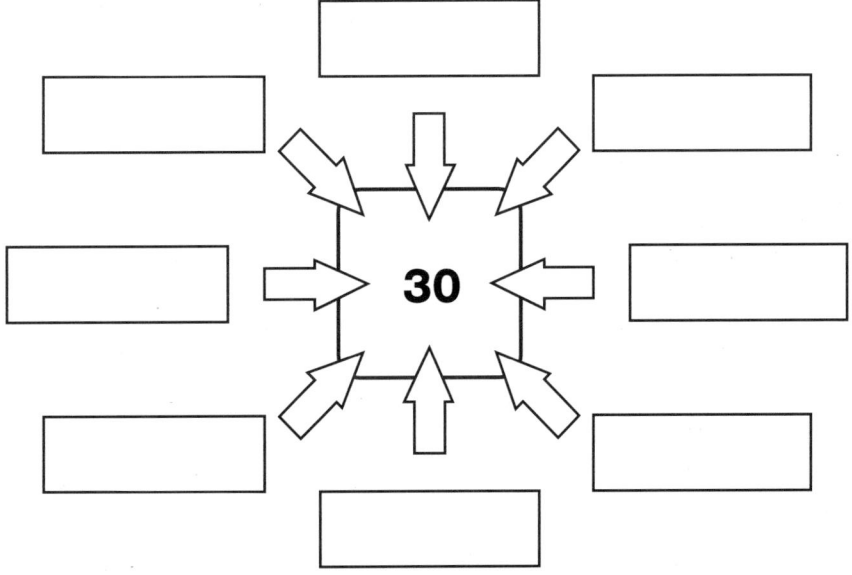

Ellen Müller: Zahlenaufbau bis 100 in kleinen Schritten
© Persen Verlag

Addition und Subtraktion – Zehnerzahlen (1)

❶ Nur die Pfeile mit dem richtigen Ergebnis treffen die Dartscheibe.

   Male die richtigen Nummern an.

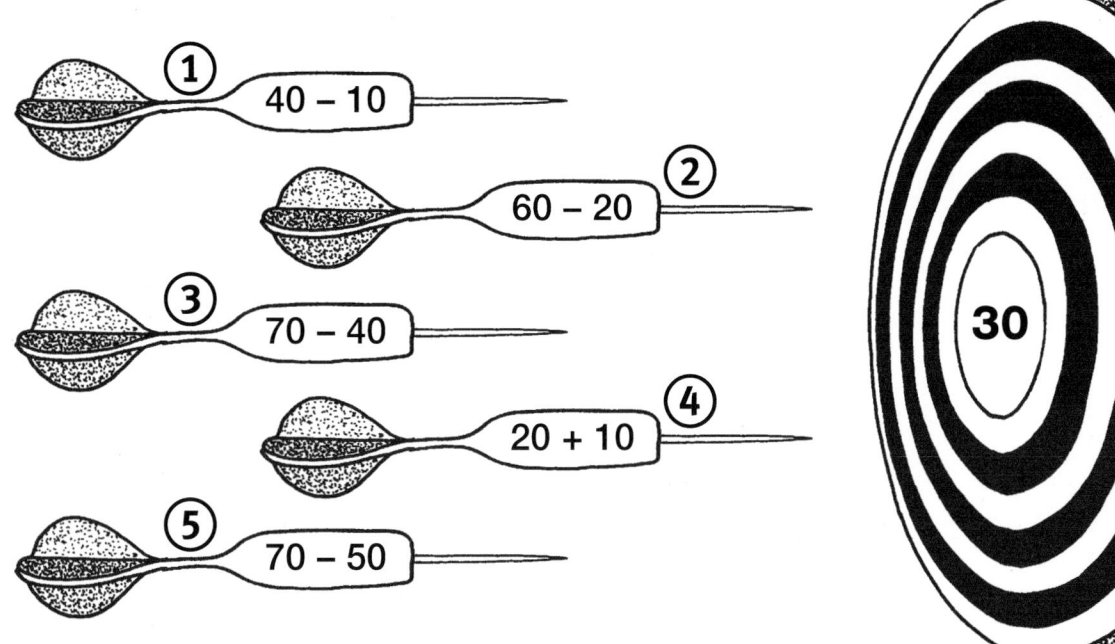

❷ Male hier die Pfeile an, die zum Ergebnis passen.

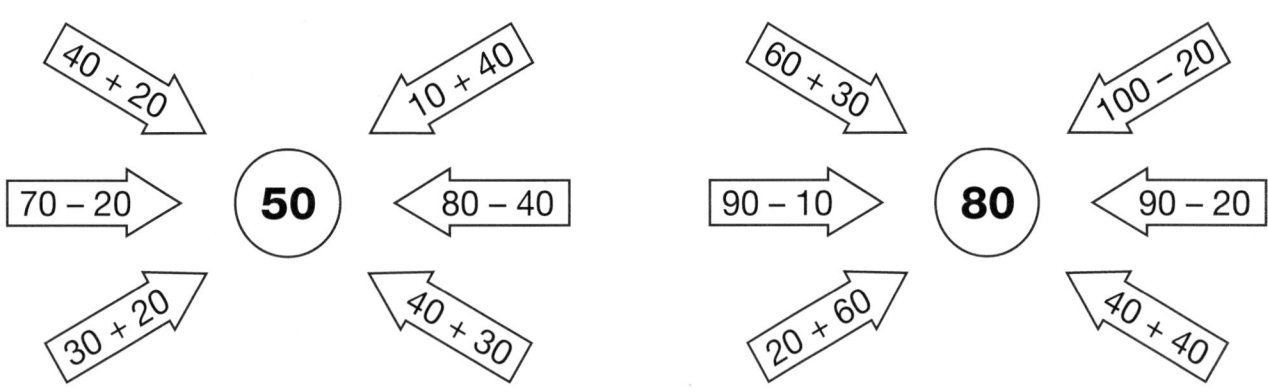

❸ a) 30 + 50 =
   40 + 50 =
   50 + 20 =
   80 + 10 =
   60 + 40 =

b) 80 − 70 =
   60 − 50 =
   90 − 30 =
   50 − 40 =
   30 − 20 =

c) 30 + ⬜ = 80
   40 + ⬜ = 70
   10 + ⬜ = 50
   60 + ⬜ = 90
   20 + ⬜ = 60

Ellen Müller: Zahlenaufbau bis 100 in kleinen Schritten
© Persen Verlag

Addition und Subtraktion – Zehnerzahlen (2)

❶ ✏ Male das richtige Ergebnis an.

a)
70 + 20 =	60	80	90
50 + 30 =	60	80	90
40 + 20 =	60	50	70
10 + 70 =	60	80	70
20 + 30 =	40	30	50

b)
80 − 60 =	20	40	10
60 − 40 =	30	20	40
50 − 20 =	20	10	30
80 − 50 =	40	30	60
40 − 20 =	20	30	10

❷ Rechne die Kettenaufgaben aus. Schreibe das Ergebnis in das Kästchen.

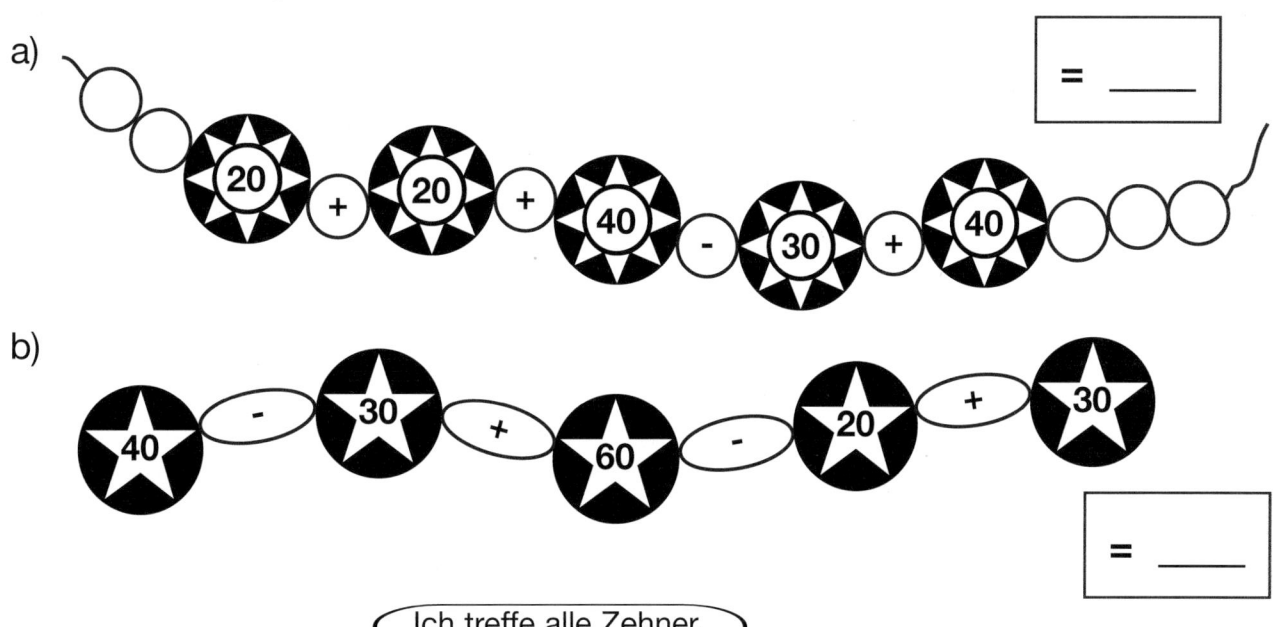

a) 20 + 20 + 40 − 30 + 40 = ____

b) 40 − 30 + 60 − 20 + 30 = ____

Ich treffe alle Zehner, die größer als **50** sind.

❸

80	40	11	7	15	10	90
12	60	19	40	14	70	16
20	12	80	17	60	30	40
11	5	21	100	10	2	20
40	30	90	13	80	18	50
30	70	16	14	40	60	17
60	40	9	15	18	30	100

❹ Welche **Z**ehnerzahl ist um 20 kleiner als 70?

Addition und Subtraktion – Zehnerzahlen (3)

❶ Rechne die Aufgaben aus und ordne die Briefe in die richtige Box.

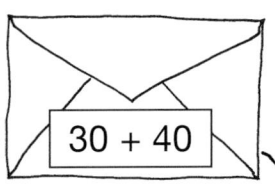   
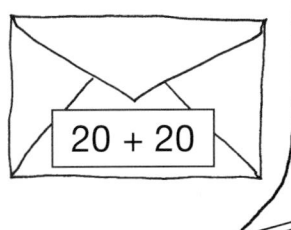   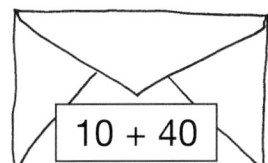

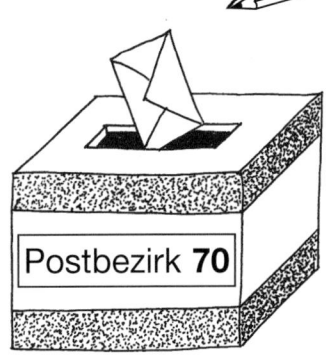 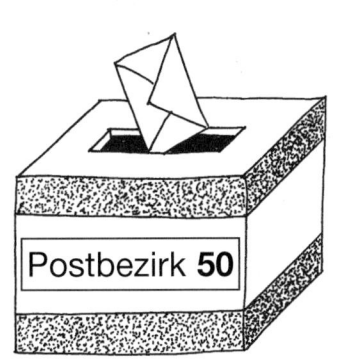 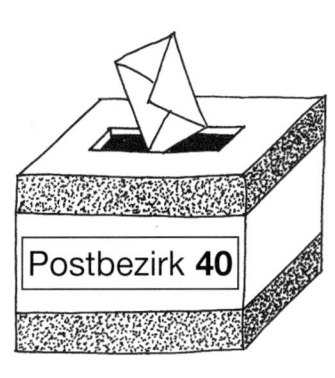

❷ Berechne.

a)
40 + 10 =
50 + 50 =
60 + 30 =
30 + 70 =
80 + 20 =

b)
60 − 20 =
40 − 10 =
60 − 50 =
80 − 50 =
90 − 80 =

c)
50 + 30 =
40 + 50 =
80 + 10 =
40 + 60 =
30 + 30 =

d)
80 − 20 =
60 − 60 =
70 − 40 =
80 − 40 =
100 − 70 =

e)
30 + 50 =
40 + 20 =
70 + 20 =
50 + 30 =
60 + 10 =

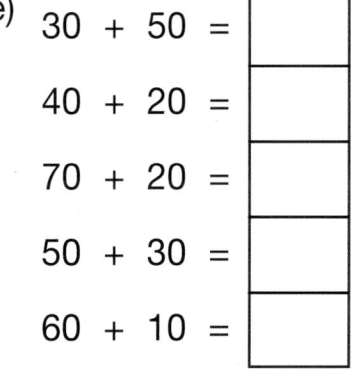

Eine Känguru-Mutter kratzt sich nach Leibeskräften. Dann fährt sie ihr Baby an: „Wie oft habe ich dir schon gesagt, dass du den Zwieback nicht im Bett essen sollst!"

Zweistellige Zahlen

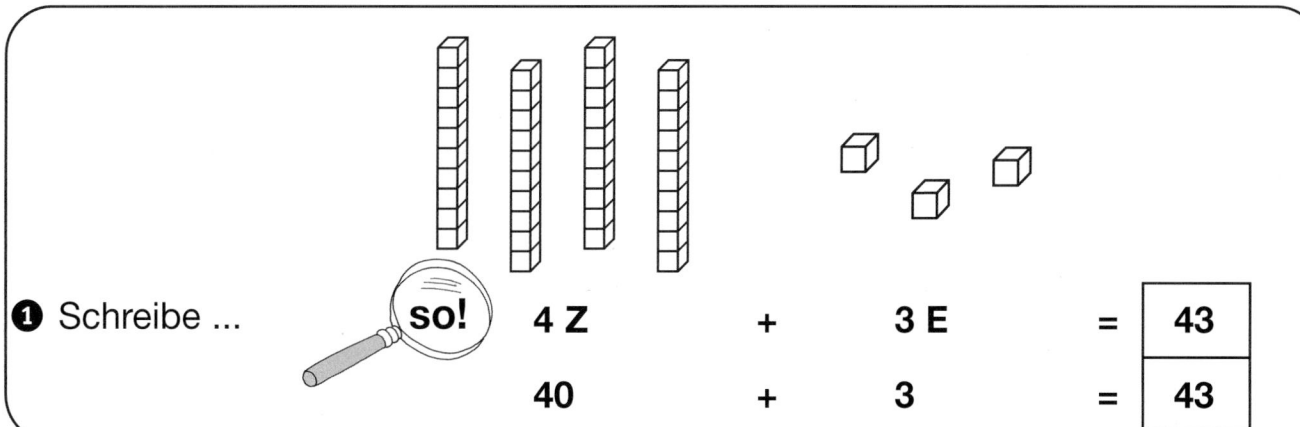

❶ Schreibe ...   4 Z   +   3 E   =   43
                  40   +   3   =   43

a)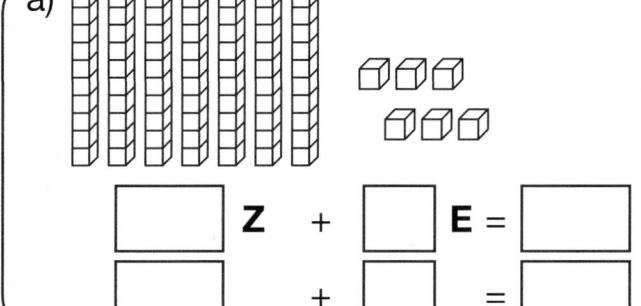

☐ Z + ☐ E = ☐
☐ + ☐ = ☐

b)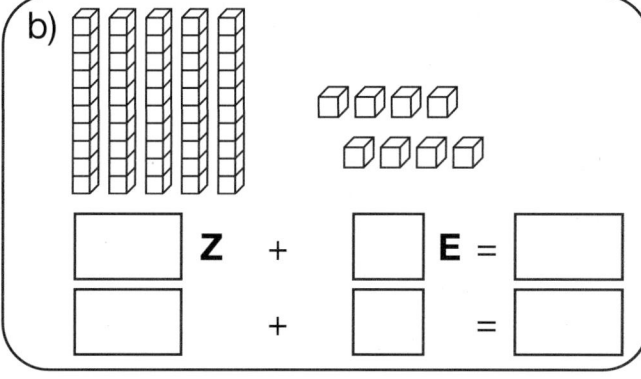

☐ Z + ☐ E = ☐
☐ + ☐ = ☐

c)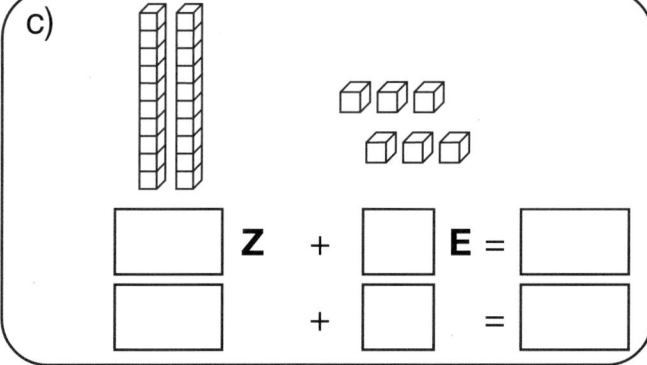

☐ Z + ☐ E = ☐
☐ + ☐ = ☐

d)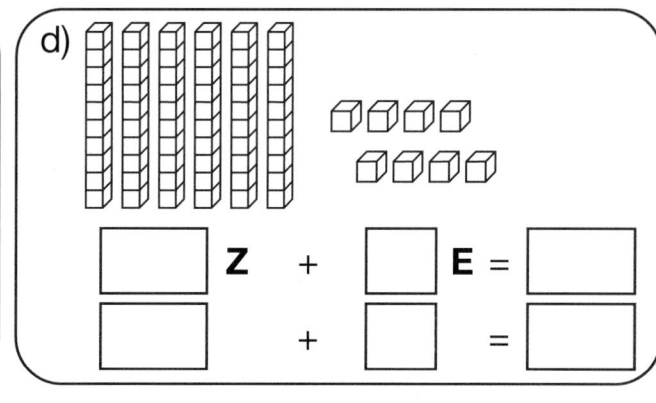

☐ Z + ☐ E = ☐
☐ + ☐ = ☐

❷ Wie heißen die Zahlen?   2 Z 5 E = 20 + 5 = 25

a) 3 Z 8 E = ☐ + ☐ = ☐   b) 4 Z 7 E = ☐ + ☐ = ☐

c) 2 Z 1 E = ☐ + ☐ = ☐   d) 9 Z 3 E = ☐ + ☐ = ☐

❸ ✎ Zeichne die **Z**ehner und **E**iner.   28 = || ····· ···

a) 56 =   b) 91 =

c) 15 =   d) 84 =

Ellen Müller: Zahlenaufbau bis 100 in kleinen Schritten
© Persen Verlag

Zweistellige Zahlen (2)

Schreibe  so!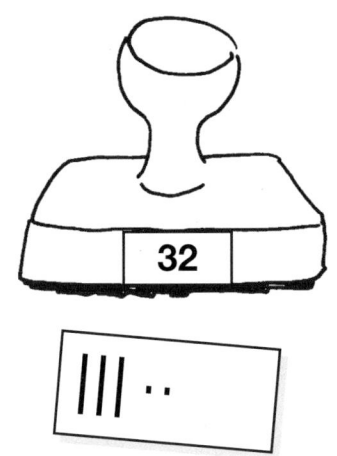

❶ Schreibe die Zahlen in den Stempel.

   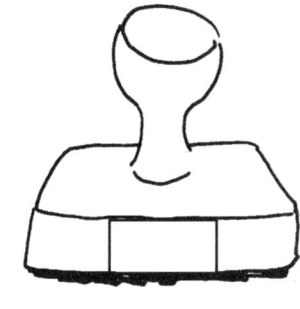

a)  b)  c)  d)

❷ ✏ Zeichne **Z**ehner und **E**iner in den Stempelabdruck.

a)  b)  c)  d)

Ellen Müller: Zahlenaufbau bis 100 in kleinen Schritten
© Persen Verlag

Arbeit mit der Stellentafel (1)

❶ Schreibe die Zahlen in die Stellentafel.

	Hunderter	Zehner	Einer
a)		4	7
b)			
c)			
d)			
e)			
f)			

❷ Lies die Zahlen deinem Partner vor.

a) 97, 79,   b) 83, 38,   c) 49, 94,   d) 31, 13

Zahlwörter (1)

❶ Verbinde die E und Z zu einem Zahlwort.

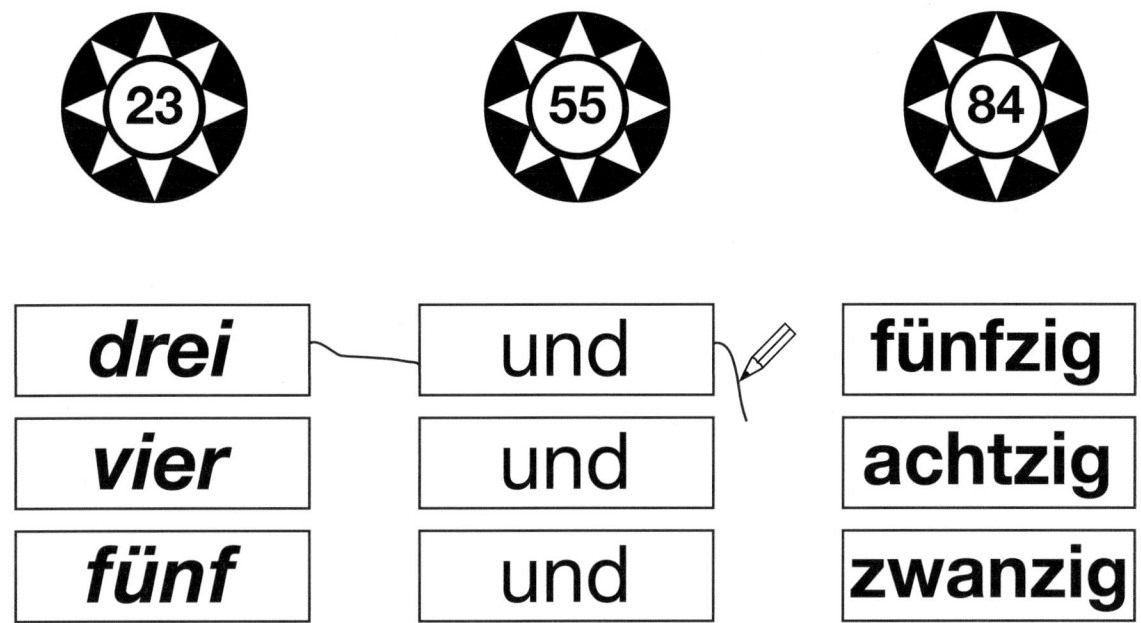

**❷ Vergleiche die Zahlen mit den Zahlwörtern.
Streiche das falsche Zahlwort durch.**

41 **6**5 **3**9 **7**6 **2**9

neun und **dreißig** – sechs und **siebzig** – zwei und **neun**zig

ein und **vierzig** – neun und **zwanzig** – fünf und **sechzig**

❸ Zahlenfolgen

Streiche die falschen Zahlen durch!

a) 44, 45, 46, 41, 47, 48, 49, 50, 51, 52, 54, 53, 54

b) 56, 57, 59, 58, 59, 60, 61, 26, 62, 63, 64, 65, 66

c) 79, 70, 80, 81, 82, 83, 84, 86, 85, 86, 87, 88, 89

Arbeit mit der Stellentafel (2)

1 Schreibe die Zahlen in die Stellentafel.

H	Z	E

a) ||||| ||| ...

b) ||||| ......

c) |||| .....

d) ||| ..

e) ▦

f) || ....

2 ✏ Verbinde die Luftballons mit den Zahlen auf dem Zahlenstrahl.

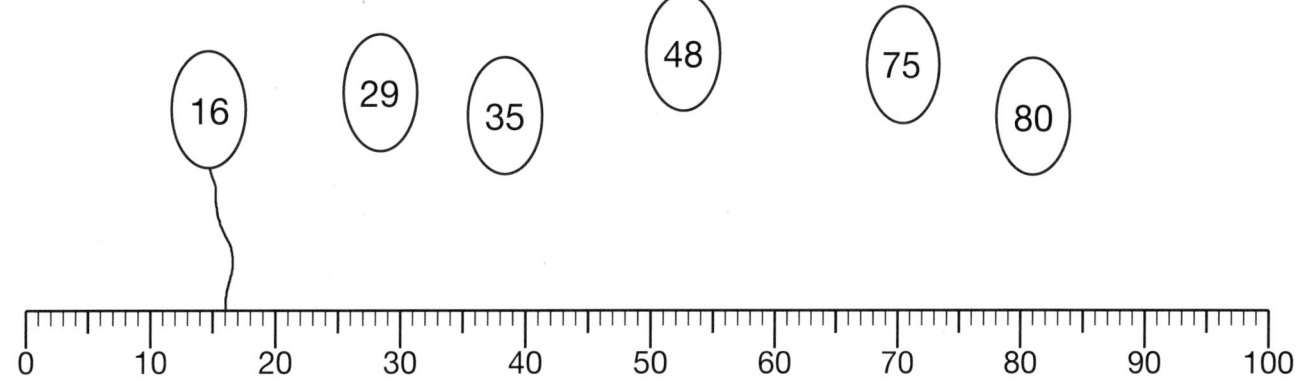

3 Zähle weiter.

a) 23, 27, 31, ___, ___, ___, ___, ___, ___

b) 60, 64, 68, ___, ___, ___, ___, ___, ___

c) 57, 53, 49, ___, ___, ___, ___, ___, ___

Zähle immer weiter.

Arbeit mit der Stellentafel (3)

❶ Lies die Zahlen und schreibe sie in die Stellentafel.

zweiundneunzig

dreiundsechzig

fünfundachtzig

sechsundzwanzig

siebenundsiebzig

dreiundvierzig

einhundert

vierunddreißig

einundzwanzig

achtundachtzig

H	Z	E

❷ Verbinde die Luftballons mit den Zahlen auf dem Zahlenstrahl.

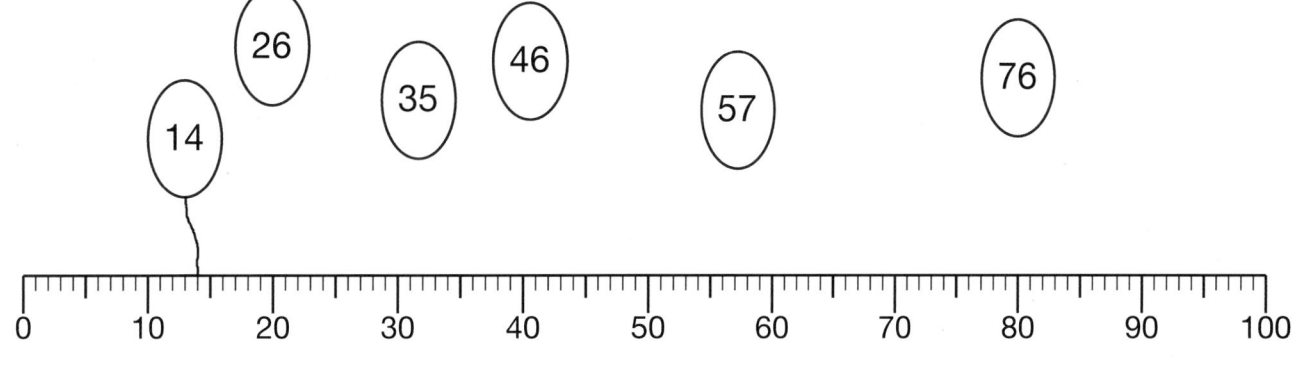

❸ Welche Zahlen liegen zwischen 49 und 60?

___, ___, ___, ___, ___, ___, ___, ___, ___, ___

❹ Schreibe alle zweistelligen Zahlen auf, bei denen **E**iner und **Z**ehner aus den gleichen Ziffern bestehen.

___, ___, ___, ___, ___, ___, ___, ___, ___

Zahlenvergleich

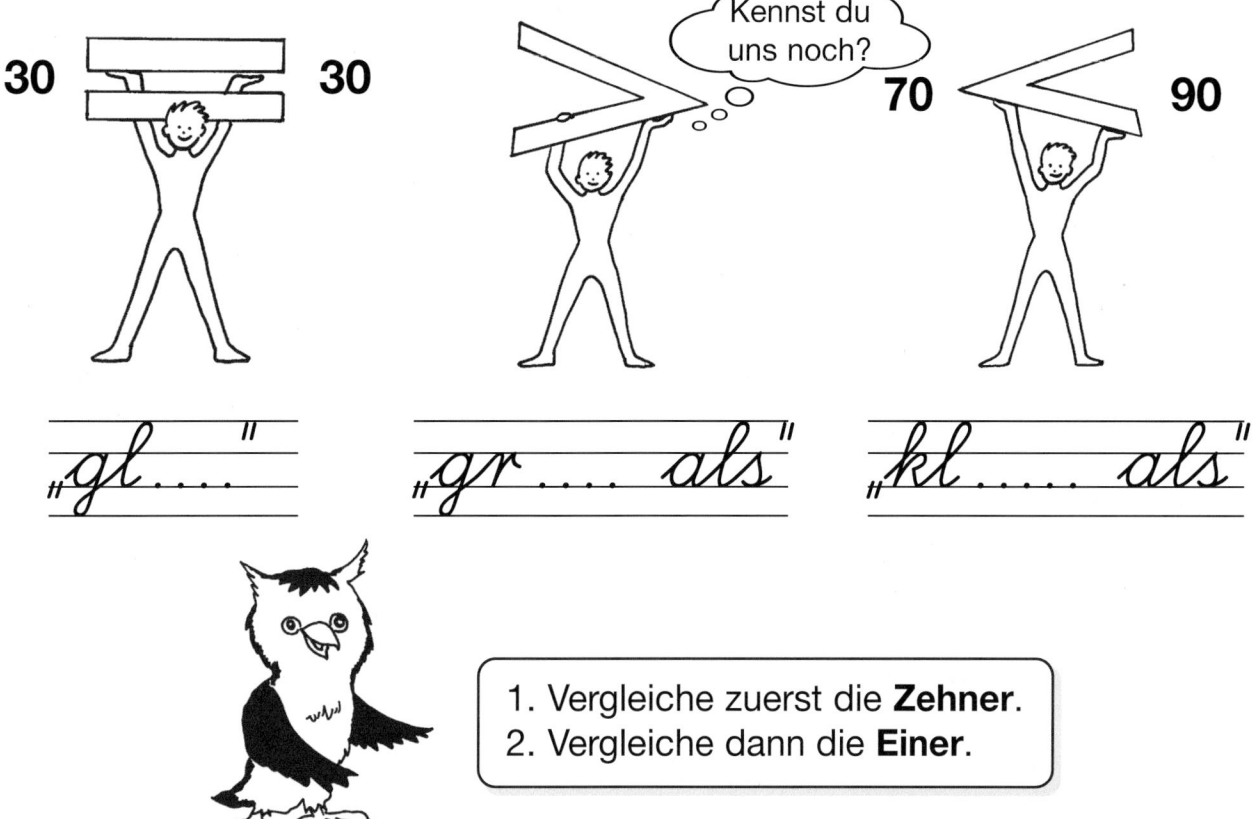

1. Vergleiche zuerst die **Zehner**.
2. Vergleiche dann die **Einer**.

❶ Setze das richtige Zeichen ein.

a) 78 ☐ 98   b) 97 ☐ 43   c) 96 ☐ 69   d) 84 ☐ 83
   52 ☐ 32   25 ☐ 39   48 ☐ 28   57 ☐ 51
   54 ☐ 54   36 ☐ 74   33 ☐ 83   10 ☐ 100
   63 ☐ 97   28 ☐ 28   59 ☐ 91   91 ☐ 19

❷ Zahlen ordnen.

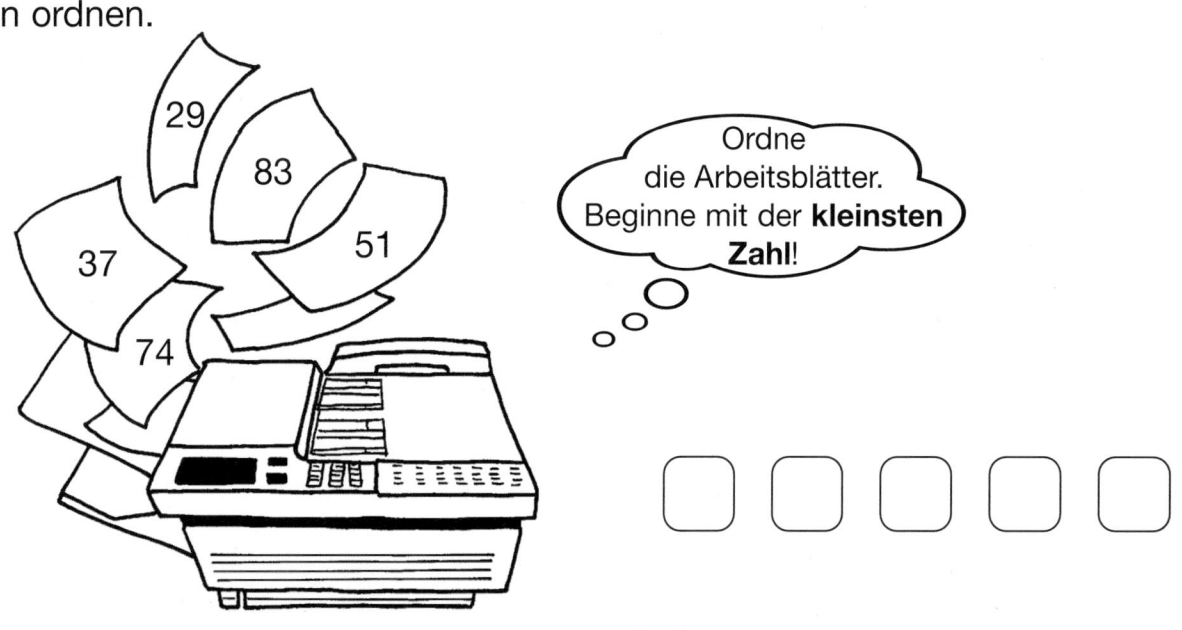

Ordne die Arbeitsblätter. Beginne mit der **kleinsten Zahl**!

Zahlwörter (2)

❶ 🖉 Male folgende Zahlen an:

*fünf*und**dreißig** – *fünf*und**neunzig** – *drei*und**siebzig** –

*vier*und**sechzig** – *ein*und**siebzig** – *sieben*und**fünfzig**

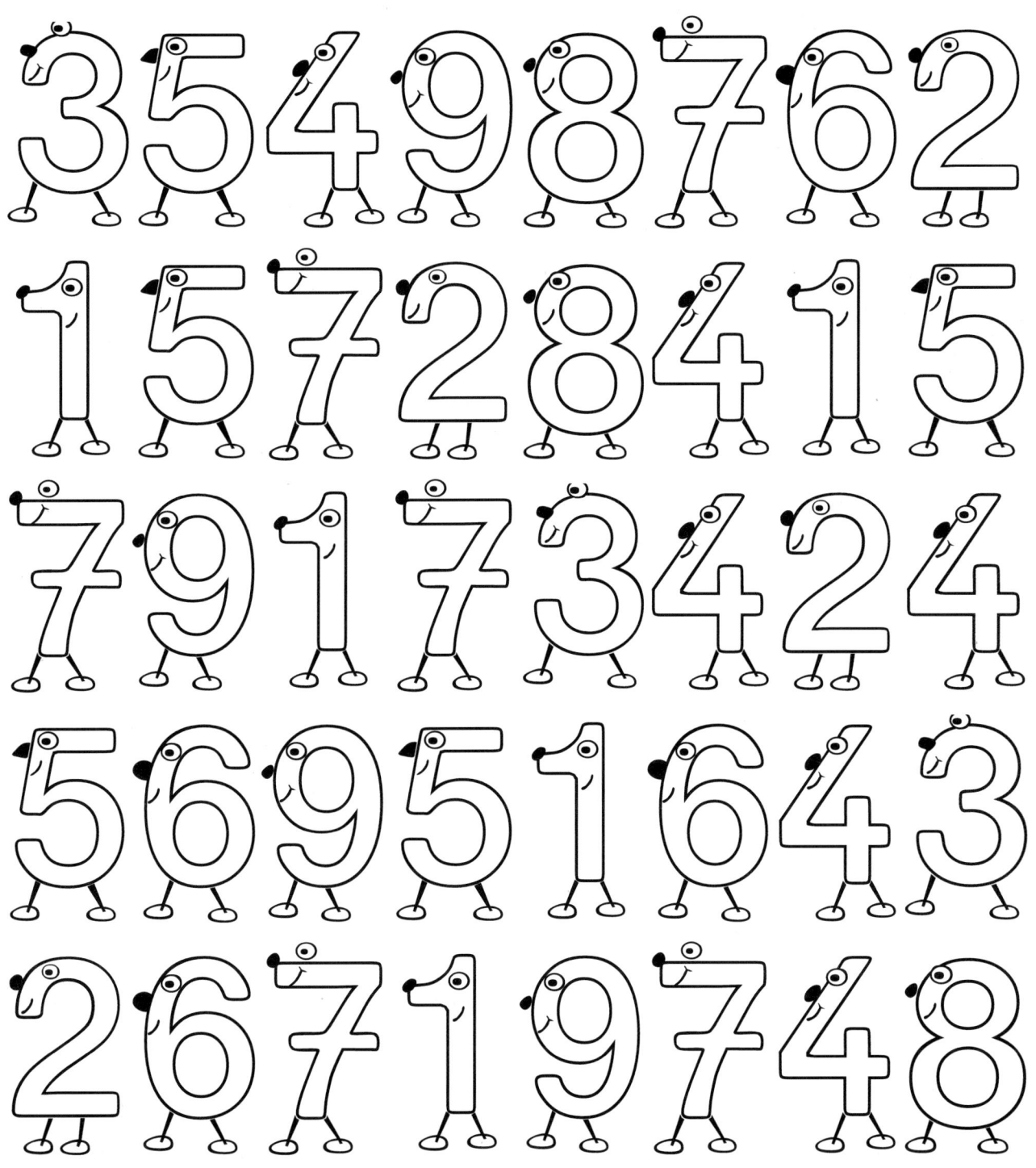

❷ Ordne die Zahlen! Beginne mit der größten Zahl!

Zahlen vergleichen und ordnen

❶ Zähle immer eins weiter.

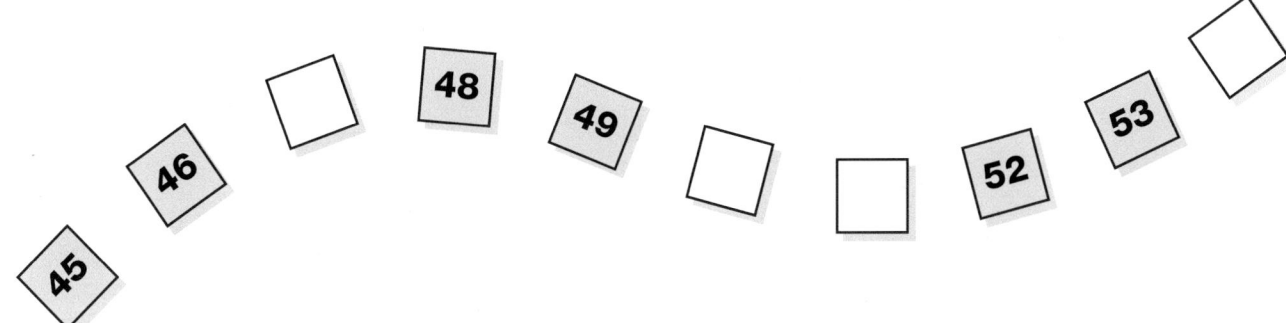

❷ Vergleiche die Zahlen. Setze das richtige Zeichen ein.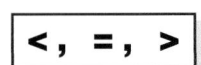

a) 36		94	b) 96		69	c) 80		82	d) 73		37
41		72	65		48	31		60	69		64
86		95	74		89	28		27	82		88
51		33	38		83	29		29	30		37

❸ Ordne die Zahlen. Beginne mit der größten Zahl.

Die Zahlen sind durcheinander gelaufen. Ordne sie!

  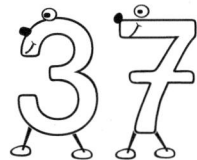

  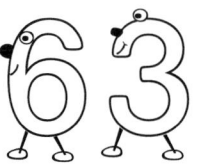

❹ Schreibe alle Zahlen auf, die größer als 58 und kleiner als 65 sind.

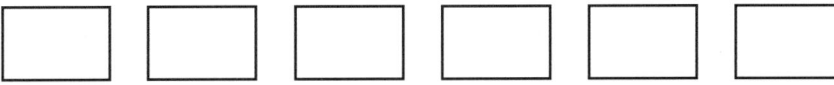

Ellen Müller: Zahlenaufbau bis 100 in kleinen Schritten
© Persen Verlag

Vorgänger und Nachfolger (1)

❶ Sabine hat am 18. April Geburtstag. Kreuze das Datum an.

❷ Welcher Tag kommt **vor** Sabines Geburtstag?
Schreibe die Zahl auf:

❸ Welcher Tag kommt **nach** Sabines Geburtstag?
Schreibe die Zahl auf:

❹ Schreibe den Vorgänger und den Nachfolger in die Tabelle.

Vorgänger $a - 1$	a	Nachfolger $a + 1$
17	18	*19*
	23	
	16	
	19	
	25	
	29	
	10	

Vorgänger und Nachfolger (2)

❶ Trage die fehlenden Zahlen ein.

❷ Male die Zahlen und ihre **Vorgänger** gelb an:
4 15 6 8 17 26 42 50
52 60 76 85 87 94 96 98

1	2			5			8	9	10
11		13				17	18	19	20
21	22		24		26				30
	32	33	34	35				39	40
					46	47	48		
51		53			56			59	
			64				68		
	72	73						79	
81								88	
					95			99	100

❸ Male die Zahlen und ihre **Nachfolger** blau an:
45 und 55

❹ Male die Zahlen und ihre **Nachfolger** rot an:
1 9 12 18 23 27 34 36
64 66 73 77 82 88 91 99

❺ Male die Zahlen und ihre **Vorgänger** lila an:
22 30 33 39 44 54 48
63 58 72 69 80

Addition ohne Zehnerübergang

Kennst du die Tiere des Waldes? Rechne die Aufgaben. Suche die Tiernamen.

❶
75 + 3 =
63 + 4 =
32 + 5 =
46 + 3 =
81 + 7 =
33 + 4 =

❷
66 + 3 =
35 + 2 =
44 + 4 =
71 + 5 =
82 + 6 =

❸
42 + 7 =
61 + 6 =
55 + 4 =
32 + 7 =
94 + 4 =

❹
84 + 5 =
23 + 2 =
73 + 3 =
83 + 6 =
92 + 6 =

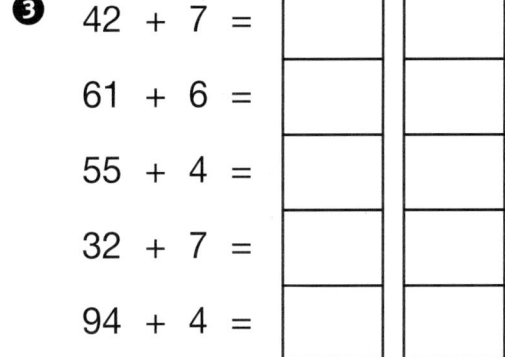
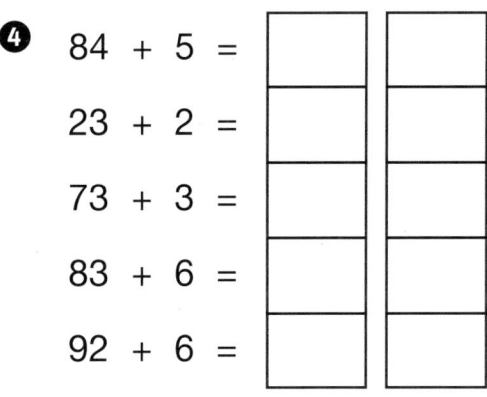

67	88	89	48	76	49	59	39	98	25	78	37	69
A	E	I	Ö	T	D	C	H	S	L	M	R	K

Ellen Müller: Zahlenaufbau bis 100 in kleinen Schritten
© Persen Verlag

Ergänzen zum Zehner (1)

❶ Wie viele **E**iner fehlen bis zum nächsten **Z**ehner?
✏ Zeichne die **E**iner und schreibe sie auf.

a) 80

b) 60

c) 20

d) 40

e) 50

f) 90

Ergänzen zum Zehner (2)

Das kannst du schon:

7 + 3 = 10

❶ Ergänze zum nächsten Zehner.

a)
8 + ☐ = 10
4 + ☐ = 10
7 + ☐ = 10
5 + ☐ = 10

b)
3 + ☐ = 10
6 + ☐ = 10
9 + ☐ = 10
0 + ☐ = 10

c)
☐ + ☐ = 10
☐ + ☐ = 10
☐ + ☐ = 10
☐ + ☐ = 10

Dann kannst du das auch.

2 + __?__ = 10

4 + __?__ = 10

d)
12 + ☐ = 20
32 + ☐ = 40
42 + ☐ = 50
52 + ☐ = 60

e)
14 + ☐ = 20
24 + ☐ = 30
44 + ☐ = 50
84 + ☐ = 90

❷ Ergänze bis ...

16	11	13	19	15	17	12	14	18
4								

27	23	25	21	25	22	28	26	29
3								

Ergänzen zum Zehner (3)

❶ Ergänze zum nächsten Zehner.

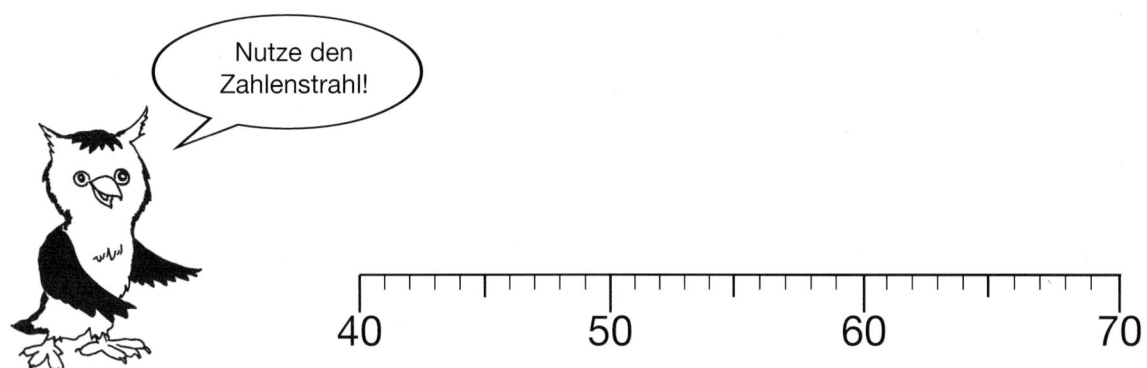

Nutze den Zahlenstrahl!

a)

42	48	44	46	41	49	45	47	43
8								

b)

54	58	59	56	52	51	55	53	57
6								

c)

67	64	62	68	63	65	61	69	66
3								

Na, was hast du diesmal in Mathe?

Das, was du dir schon immer im Lotto wünschst, Papi, eine Sechs.

Ellen Müller: Zahlenaufbau bis 100 in kleinen Schritten
© Persen Verlag

Ergänzen zum Zehner (4)

❶ Ergänze bis zum nächsten **Z**ehner.

Nutze den Zahlenstrahl!

|———|———|———|———|———|
| 20 | 30 | 40 | 50 | 60 |

a)
22 + ☐ = 30
28 + ☐ = 30
24 + ☐ = 30
27 + ☐ = 30
25 + ☐ = 30

b)
32 + ☐ = 40
38 + ☐ = 40
34 + ☐ = 40
37 + ☐ = 40
35 + ☐ = 40

c)
42 + ☐ = 50
48 + ☐ = 50
44 + ☐ = 50
47 + ☐ = 50
45 + ☐ = 50

❷ Ergänze bis zum Zehner.

Nutze den Zahlenstrahl!
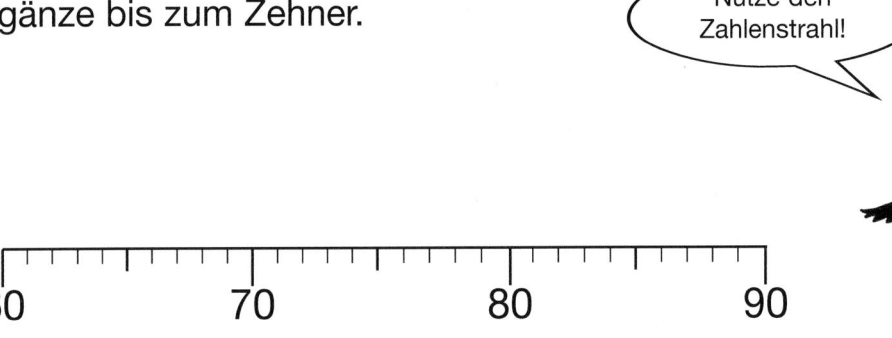

|———|———|———|———|
| 60 | 70 | 80 | 90 |

a)

66	61	63	69	64	68	62	65	67
4								

70

b)

82	88	84	86	81	89	85	87	83
8								

90

Ellen Müller: Zahlenaufbau bis 100 in kleinen Schritten
© Persen Verlag

Addition mit Zehnerübergang (1)

❶ Zerlege die 5.

5 = ☐ + ☐   5 = ☐ + ☐

5 = ☐ + ☐   5 = ☐ + ☐

5 = ☐ + ☐   5 = ☐ + ☐

❷ Addition mit Überschreitung des Z.

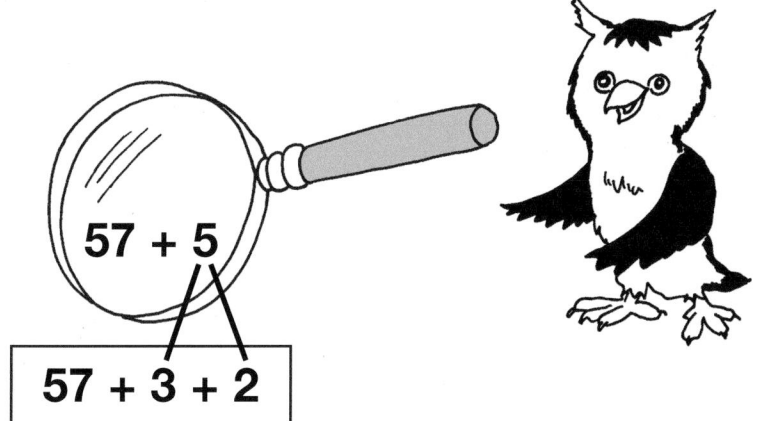

57 + 5

57 + 3 + 2

❸ Addiere. Zerlege die zweite Zahl.

a) 87 + 5 = ☐
   87 + 3 + 2 = ☐

b) 29 + 5 = ☐
   29 + _ + _ = ☐

c) 68 + 5 = ☐
   68 + _ + _ = ☐

d) 66 + 5 = ☐
   66 + _ + _ = ☐

e) 78 + 5 = ☐
   78 + _ + _ = ☐

f) 36 + 5 = ☐
   36 + _ + _ = ☐

g) 27 + 5 = ☐
   27 + _ + _ = ☐

h) 46 + 5 = ☐
   46 + _ + _ = ☐

i) 89 + 5 = ☐
   89 + _ + _ = ☐

Ellen Müller: Zahlenaufbau bis 100 in kleinen Schritten
© Persen Verlag

Addition mit Zehnerübergang (2)

❶ Zerlege die 6.

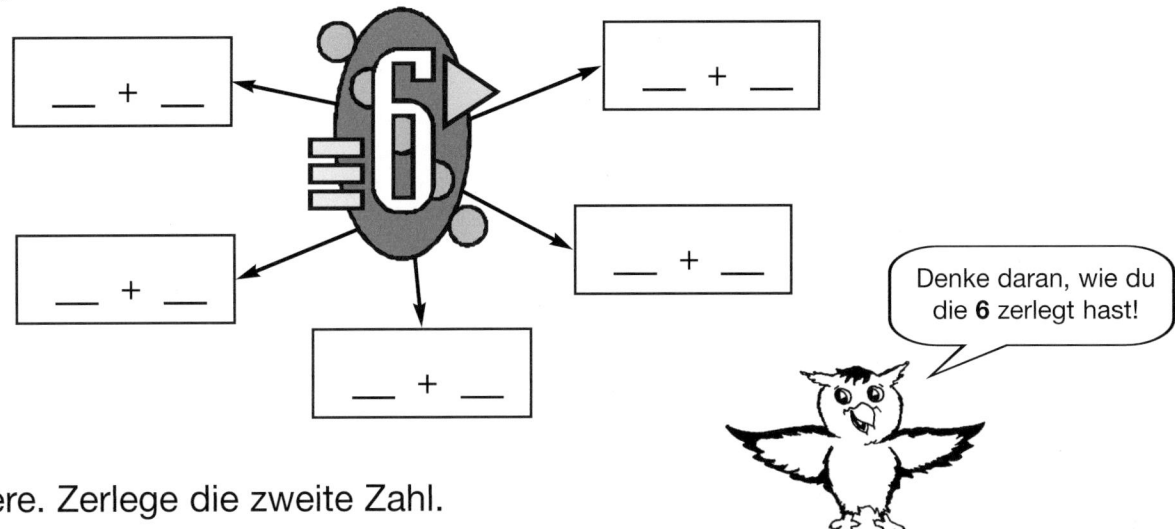

Denke daran, wie du die 6 zerlegt hast!

❷ Addiere. Zerlege die zweite Zahl.

a) 48 + 6 =
   48 + 2 + 4 =

b) 57 + 6 =
   57 + _ + _ =

c) 79 + 6 =
   79 + _ + _ =

d) 87 + 6 =
   87 + _ + _ =

e) 45 + 6 =
   45 + _ + _ =

f) 86 + 6 =
   86 + _ + _ =

❸ Zerlege die 7.

7 = ☐ + ☐   7 = ☐ + ☐

7 = ☐ + ☐   7 = ☐ + ☐

7 = ☐ + ☐   7 = ☐ + ☐

❹ Addiere. Zerlege die zweite Zahl.

a) 27 + 7 =
   27 + 3 + 4 =

b) 36 + 7 =
   36 + _ + _ =

c) 58 + 7 =
   58 + _ + _ =

d) 69 + 7 =
   69 + _ + _ =

e) 44 + 7 =
   44 + _ + _ =

f) 85 + 7 =
   85 + _ + _ =

Ellen Müller: Zahlenaufbau bis 100 in kleinen Schritten
© Persen Verlag

Addition mit Zehnerübergang (3)

1

8 = __ + __

8 = __ + __

8 = __ + __

8 = __ + __

8 = __ + __

8 = __ + __

8 = __ + __

4 Addiere. Zerlege die zweite Zahl.

a) 19 + 8 =
19 + 1 + 7 =

b) 88 + 8 =
88 + _ + _ =

c) 67 + 8 =
67 + _ + _ =

d) 46 + 8 =
46 + _ + _ =

e) 37 + 8 =
37 + _ + _ =

f) 23 + 8 =
23 + _ + _ =

3

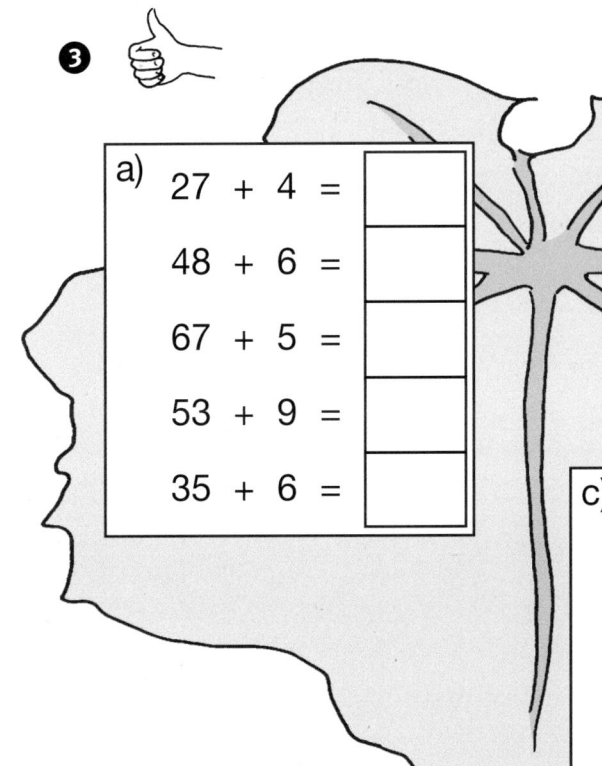

a) 27 + 4 =
48 + 6 =
67 + 5 =
53 + 9 =
35 + 6 =

b) 88 + 4 =
67 + 6 =
56 + 8 =
47 + 6 =
29 + 2 =

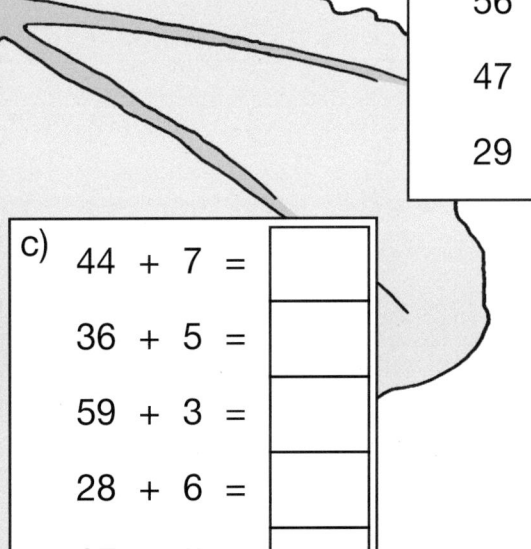

c) 44 + 7 =
36 + 5 =
59 + 3 =
28 + 6 =
67 + 5 =

Lecker!

Addition mit Zehnerübergang (4)

❶ Zerlege die 9.

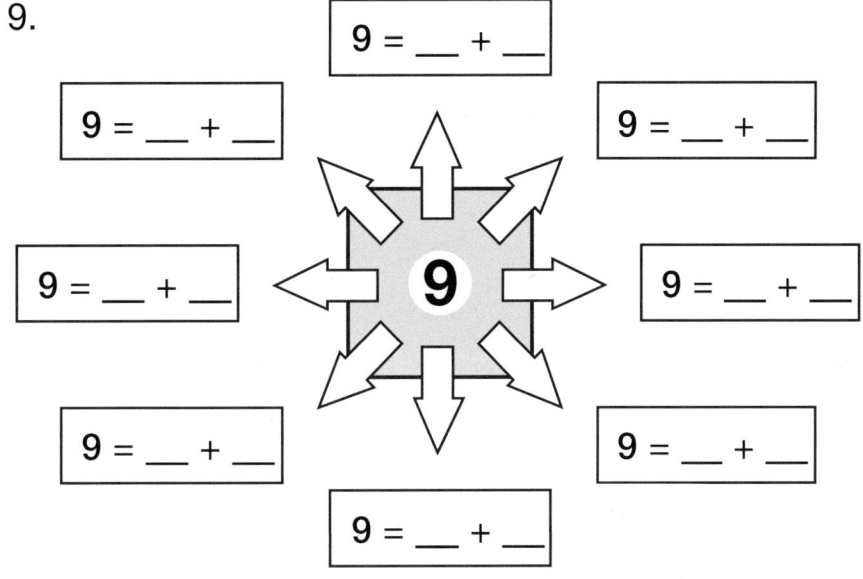

9 = __ + __
9 = __ + __
9 = __ + __
9 = __ + __
9 = __ + __
9 = __ + __
9 = __ + __
9 = __ + __

❷ Addiere. Zerlege die zweite Zahl.

a) 35 + 9 = ☐
   35 + 5 + 4 = ☐

b) 89 + 9 = ☐
   89 + _ + _ = ☐

c) 33 + 9 = ☐
   33 + _ + _ = ☐

d) 66 + 9 = ☐
   66 + _ + _ = ☐

e) 72 + 9 = ☐
   72 + _ + _ = ☐

f) 37 + 9 = ☐
   37 + _ + _ = ☐

g) 28 + 9 = ☐
   28 + _ + _ = ☐

h) 84 + 9 = ☐
   84 + _ + _ = ☐

i) 45 + 9 = ☐
   45 + _ + _ = ☐

j) 76 + 9 = ☐
   76 + _ + _ = ☐

k) 72 + 9 = ☐
   72 + _ + _ = ☐

l) 18 + 9 = ☐
   18 + _ + _ = ☐

❸

Male die Luftballons mit dem Ergebnis **45** an.

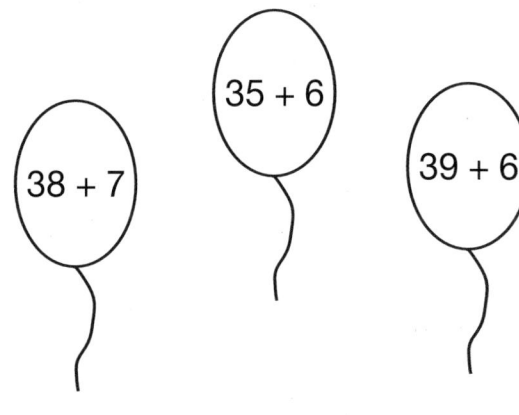

38 + 7   35 + 6   39 + 6

Ellen Müller: Zahlenaufbau bis 100 in kleinen Schritten
© Persen Verlag

Subtraktion mit Zehnerübergang (1)

❶  Streiche so viele **E**iner ab, dass du zum nächsten **Z**ehner kommst!

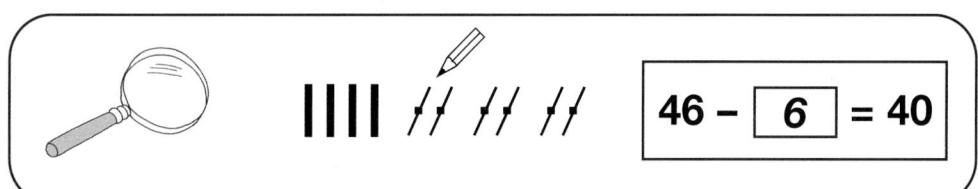

a) |||| ||| .. ..   b) |||| | ..... .   c) |||| ....

84 – ☐ = 80   56 – ☐ = 50   49 – ☐ = 40

❷ Subtrahiere immer bis zum nächsten Zehner!

a) 23 – ☐ = 20
29 – ☐ = 20
26 – ☐ = 20
21 – ☐ = 20

b) 34 – ☐ = 30
37 – ☐ = 30
32 – ☐ = 30
38 – ☐ = 30

c) 42 – ☐ = 40
44 – ☐ = 40
48 – ☐ = 40
45 – ☐ = 40

❸

Immer **5** weniger.

Immer **5** weniger.

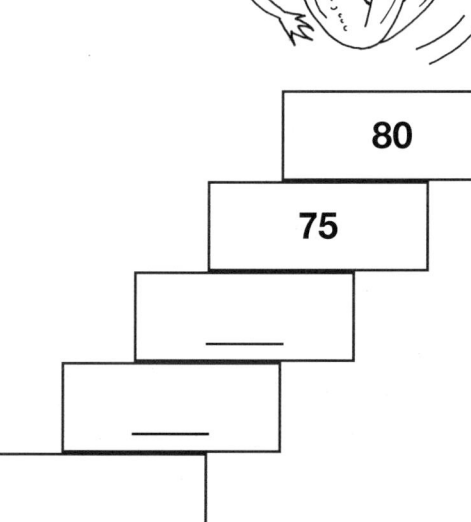

80
75

40

Subtraktion mit Zehnerübergang (2)

❶ Subtrahiere **bis zum** nächsten **Z**ehner.

37 —−7→ <u>30</u>

a) 73 —−3→ __
b) 63 —−3→ __
c) 28 —−8→ __
d) 93 —−3→ __

❷ Subtrahiere **vom Z**ehner.

40 —−6→ <u>34</u>

a) 40 —−4→ __
b) 60 —−5→ __
c) 80 —−7→ __
d) 90 —−9→ __

❸ Subtraktion mit Überschreitung des **Z**.

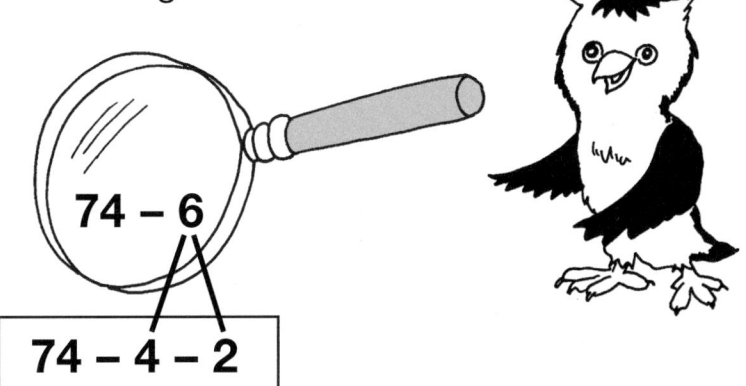

74 − 6
74 − 4 − 2

❹ Subtrahiere. Zerlege die zweite Zahl.

a) 43 − 8 = ☐
   43 − 3 − 5 = ☐

b) 34 − 7 = ☐
   34 − _ − _ = ☐

c) 54 − 6 = ☐
   54 − _ − _ = ☐

d) 25 − 8 = ☐
   25 − _ − _ = ☐

e) 77 − 8 = ☐
   77 − _ − _ = ☐

f) 26 − 8 = ☐
   26 − _ − _ = ☐

g) 22 − 6 = ☐
   22 − _ − _ = ☐

h) 41 − 5 = ☐
   41 − _ − _ = ☐

i) 34 − 7 = ☐
   34 − _ − _ = ☐

Ellen Müller: Zahlenaufbau bis 100 in kleinen Schritten
© Persen Verlag

Subtraktion mit Zehnerübergang (3)

❶ Subtrahiere bis zum nächsten Zehner!

a)
81 − ☐ = 80
93 − ☐ = 90
46 − ☐ = 40
53 − ☐ = 50

b)
96 − ☐ = 90
73 − ☐ = 70
52 − ☐ = 50
38 − ☐ = 30

c)
28 − ☐ = 20
36 − ☐ = 30
49 − ☐ = 40
82 − ☐ = 80

❷ Subtrahiere. Zerlege die zweite Zahl.

a) 32 − 6 = ☐
   32 − 2 − 4 = ☐

b) 41 − 6 = ☐
   41 − _ − _ = ☐

c) 26 − 8 = ☐
   26 − _ − _ = ☐

d) 44 − 7 = ☐
   44 − _ − _ = ☐

e) 83 − 5 = ☐
   83 − _ − _ = ☐

f) 71 − 5 = ☐
   71 − _ − _ = ☐

g) 33 − 4 = ☐
   33 − _ − _ = ☐

h) 94 − 8 = ☐
   94 − _ − _ = ☐

i) 73 − 5 = ☐
   73 − _ − _ = ☐

❸ Schreibe das Ergebnis in den Stern.

25 − 6 = ☆
46 − 8 = ☆
32 − 5 = ☆
73 − 7 = ☆
66 − 8 = ☆
92 − 3 = ☆
87 − 8 = ☆
54 − 5 = ☆

Lösungen: 19, 66, 49, 58
          89, 79, 38, 27

Subtraktion mit Zehnerübergang (4)

❶ Subtrahiere. Zerlege die zweite Zahl.

a) 23 − 4 = ☐
23 − 3 − 1 = ☐

b) 36 − 8 = ☐
36 − _ − _ = ☐

c) 32 − 7 = ☐
32 − _ − _ = ☐

d) 37 − 9 = ☐
37 − _ − _ = ☐

e) 44 − 8 = ☐
44 − _ − _ = ☐

f) 63 − 5 = ☐
63 − _ − _ = ☐

g) 25 − 7 = ☐
25 − _ − _ = ☐

h) 94 − 8 = ☐
94 − _ − _ = ☐

i) 76 − 9 = ☐
76 − _ − _ = ☐

❷ Subtrahiere.

a) 54 − 4 = ☐
95 − 5 = ☐
73 − 3 = ☐
62 − 2 = ☐
31 − 1 = ☐

b) 48 − 8 = ☐
34 − 6 = ☐
57 − 8 = ☐
26 − 7 = ☐
62 − 5 = ☐

c) 55 − 7 = ☐
47 − 8 = ☐
93 − 4 = ☐
81 − 5 = ☐
75 − 6 = ☐

Mm, Zahlen schmecken lecker!

30 40 39 57
49 60 76 50
19 48 69 28
90 70 89

❸ In einer Tüte waren 25 Bonbons. Nicole hat 5 gegessen und ihre Freundin hat 3 gegessen.
Wie viele Bonbons sind übrig? ☐ Bonbons.

Addition und Subtraktion mit Zehnerübergang

Schreibe die Aufgaben in die Filmstreifen.
Das Ergebnis der ersten Aufgabe sagt dir, mit welcher Aufgabe es weitergeht.

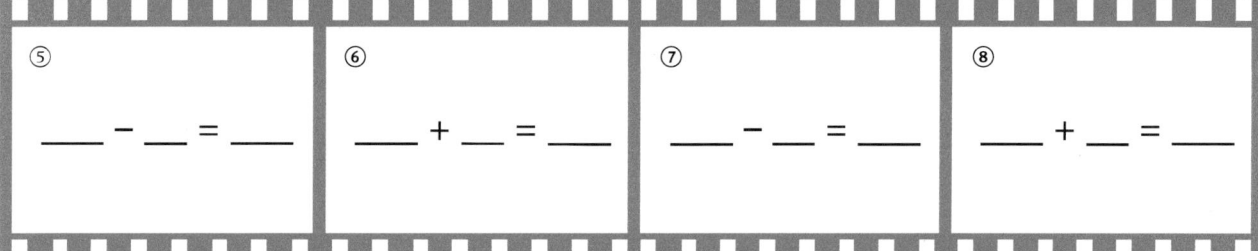

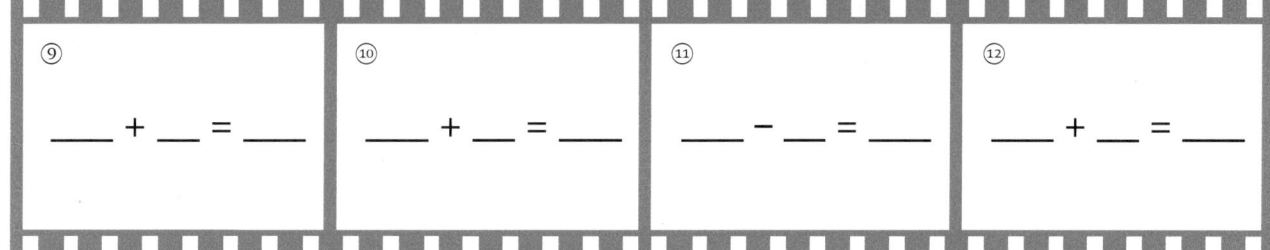

① 38 + 3 = 41   36 − 7 =

34 − 6 =   26 + 7 =

48 + 5 =   51 − 3 =

29 + 5 =   41 − 5 =

35 − 9 =   28 + 7 =

33 + 9 =   42 + 9 =

| Warum legen Hühner Eier? | Wenn sie die Eier werfen würden, | gingen sie kaputt. |

Ellen Müller: Zahlenaufbau bis 100 in kleinen Schritten
© Persen Verlag

Lösungen

Zunächst ein Hinweis zu den verwendeten Piktogrammen:

Diese Zeichen bedeuten:

Beispiel.
So wird diese Aufgabe gerechnet!

Die Eule gibt dir Tipps!

Das sind knifflige Aufgaben!

Hier musst du ganz besonders aufpassen!

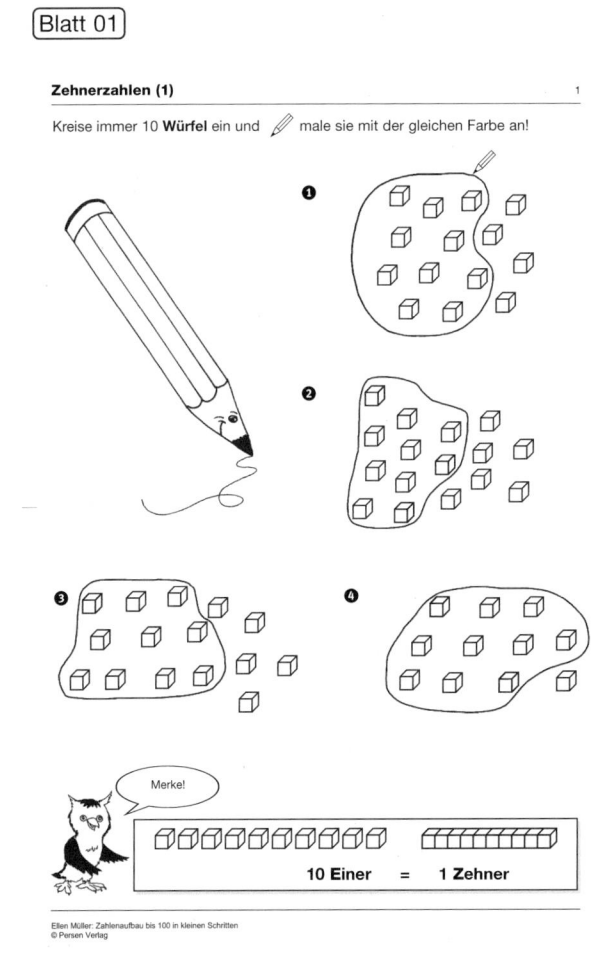

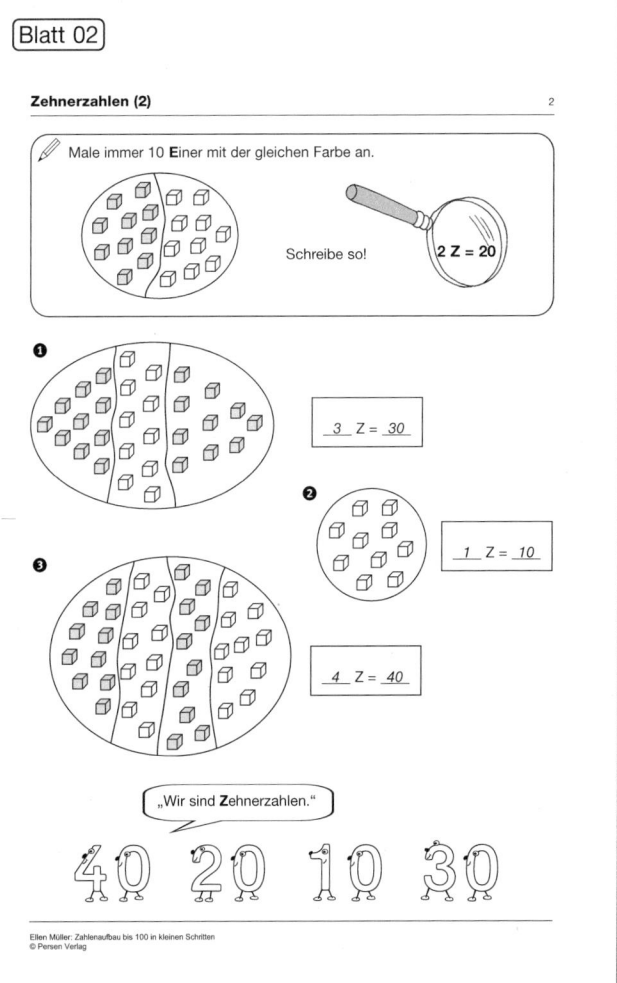

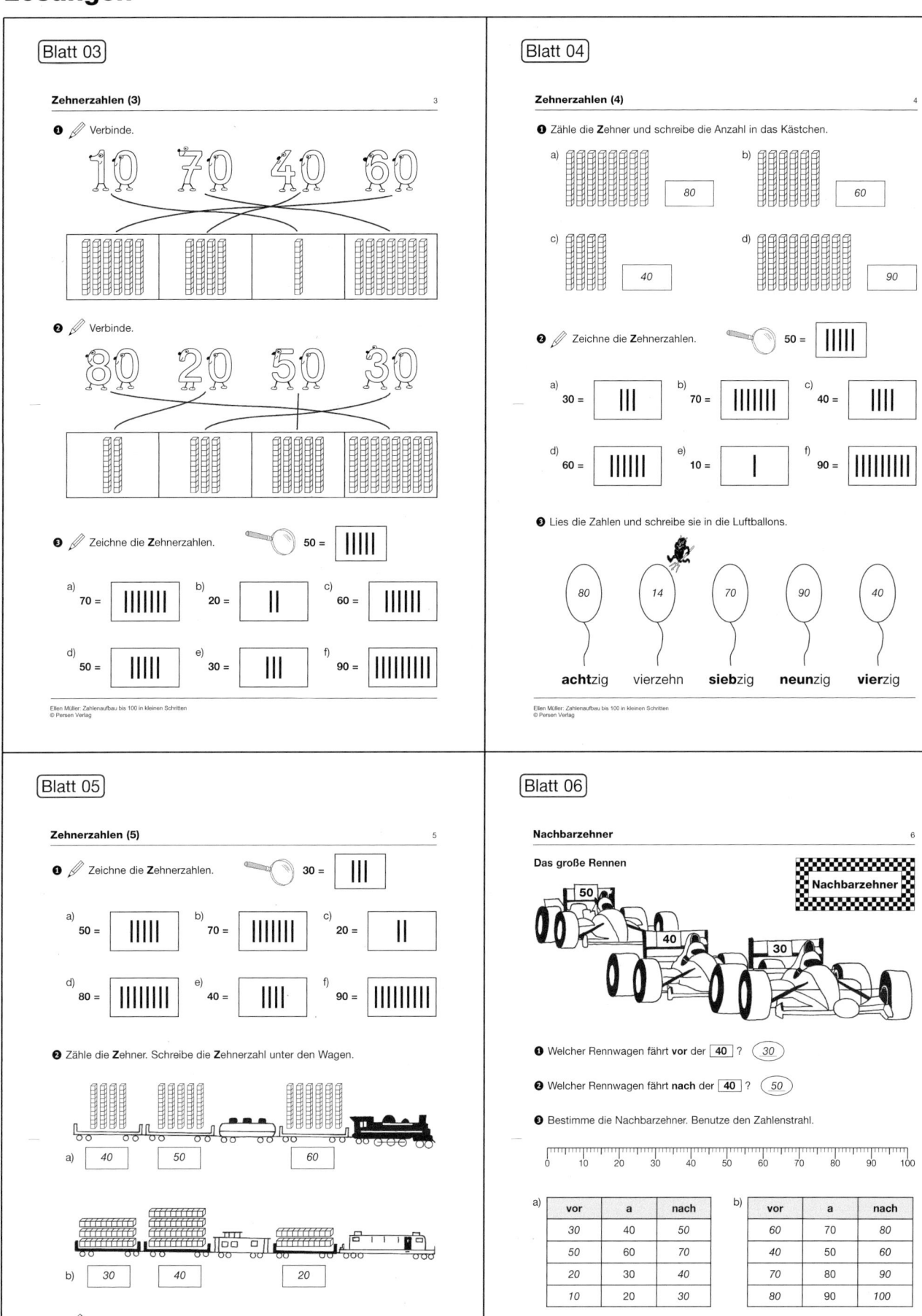

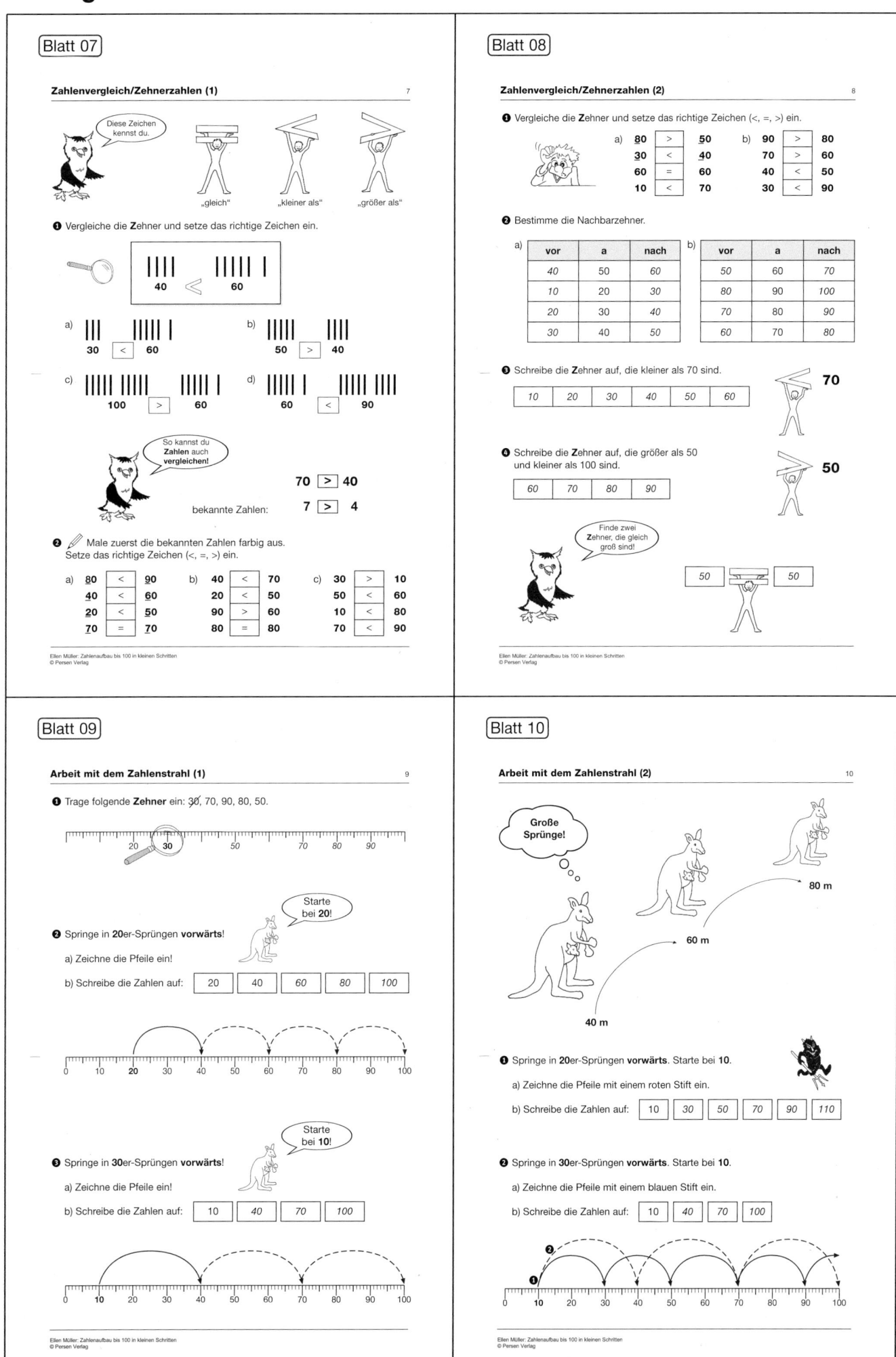

Lösungen

Blatt 11

Arbeit mit dem Zahlenstrahl (3)

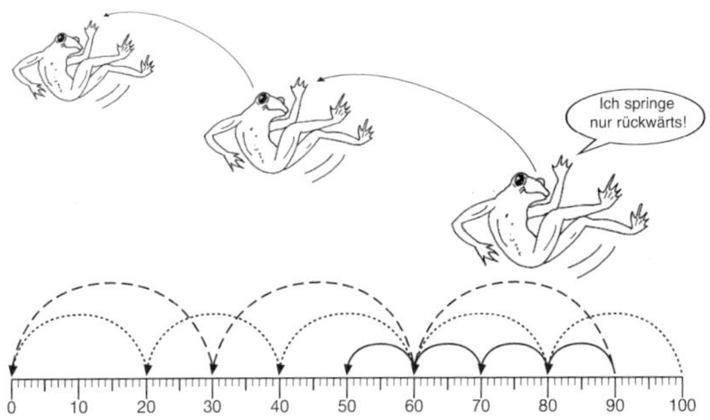

a) Zahlenfolgen: 90, 80, 70, 60, 50
b) Zahlenfolgen: 90, 60, 30, 0
c) Zahlenfolgen: 100, 80, 60, 40, 20, 0

❷ Trage die Nachbarzehner ein.

a) **vor** 30 kommt 20
b) **vor** 50 kommt 40
c) **vor** 90 kommt 80
d) **vor** 70 kommt 60
e) **nach** 30 kommt 40
f) **nach** 50 kommt 60
g) **nach** 90 kommt 100
h) **nach** 70 kommt 80

❸ Rückwärts springen. Immer ein 10er-Sprung: 95, 85, 75, 65, 55, 45, 35, 25, 15, 5

Blatt 12

Arbeit mit dem Zahlenstrahl (4)

❶ Springe immer **einen** 10er-Sprung weiter.
80, 60 / 90, 40 ... 90, 70 / 100, 50

❷ Springe immer **zwei** 10er-Sprünge weiter.
20, 30 / 10, 40 ... 40, 50 / 30, 60

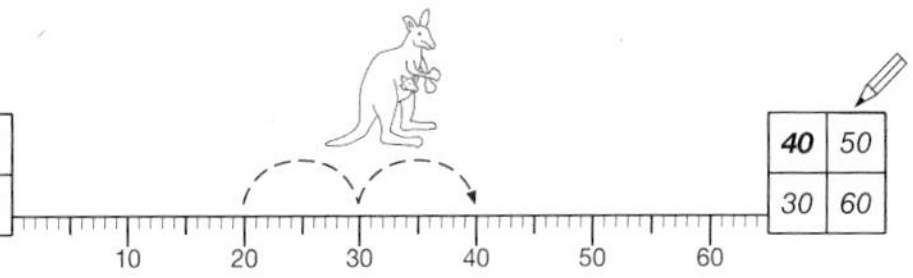

❸ Springe immer **drei** 10er-Sprünge weiter.
30, 50 / 40, 20 ... 60, 80 / 70, 50

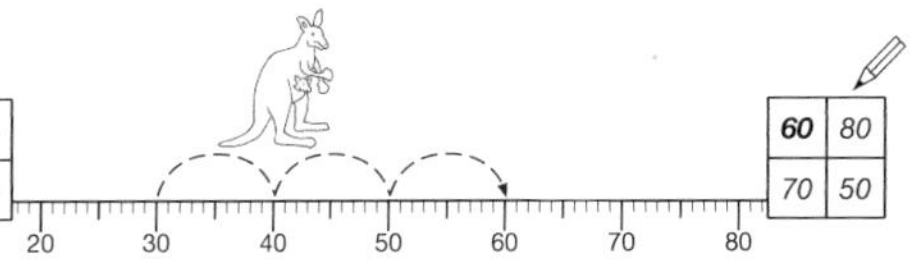

❹ Hier musst du aufpassen!
40, 70 / 50, 80 ... 60, 90 / 70, 100

Blatt 13

Zehnerzahlen ordnen

❶ Zeichne die **Z**ehner in die Luftballons.
30, 80, 70, 50, 40 

❷ Ordne die **Z**ehner aus ❶. Beginne mit dem kleinsten **Z**ehner.
30, 40, 50, 70, 80

❸ Schreibe die **Z**ehnerzahl unter das Zahlwort.

a) **neun**zig 90, **sieb**zig 70, **vier**zig 40, **fünf**zig 50, **acht**zig 80

b) Ordne die Zehner aus ❸ a). Beginne mit dem größten **Z**ehner.
90, 80, 70, 50, 40

❹ Verbinde die Zehner in der richtigen Reihenfolge.

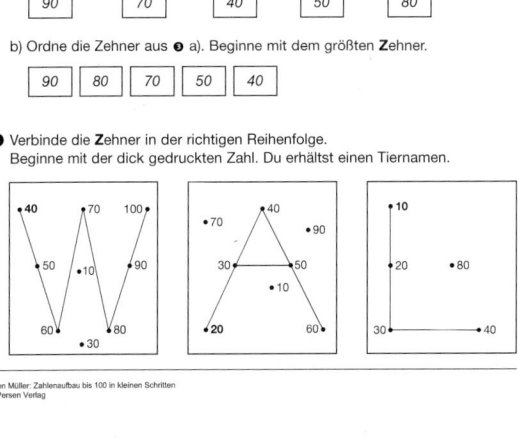

Blatt 14

Ergänzen bis zum Hunderter (1)

Merke: 10 **Z** = 1 **H**

❶ Zeichne immer so viele **Z**ehner, dass ein **H**underter (1 H) entsteht.

a) 5 Z + 5 Z = 10 Z = 1 H
b) 7 Z + 3 Z = 10 Z = 1 H
c) 4 Z + 6 Z = 10 Z = 1 H
d) 8 Z + 2 Z = 10 Z = 1 H

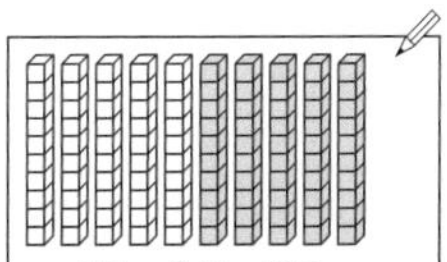

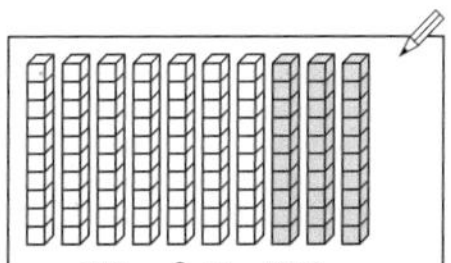

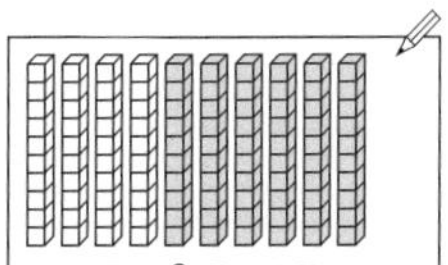

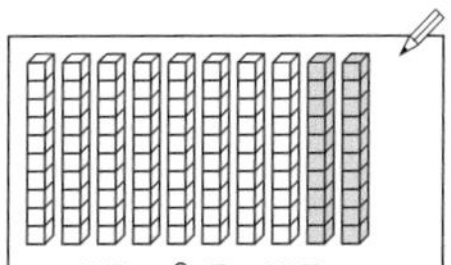

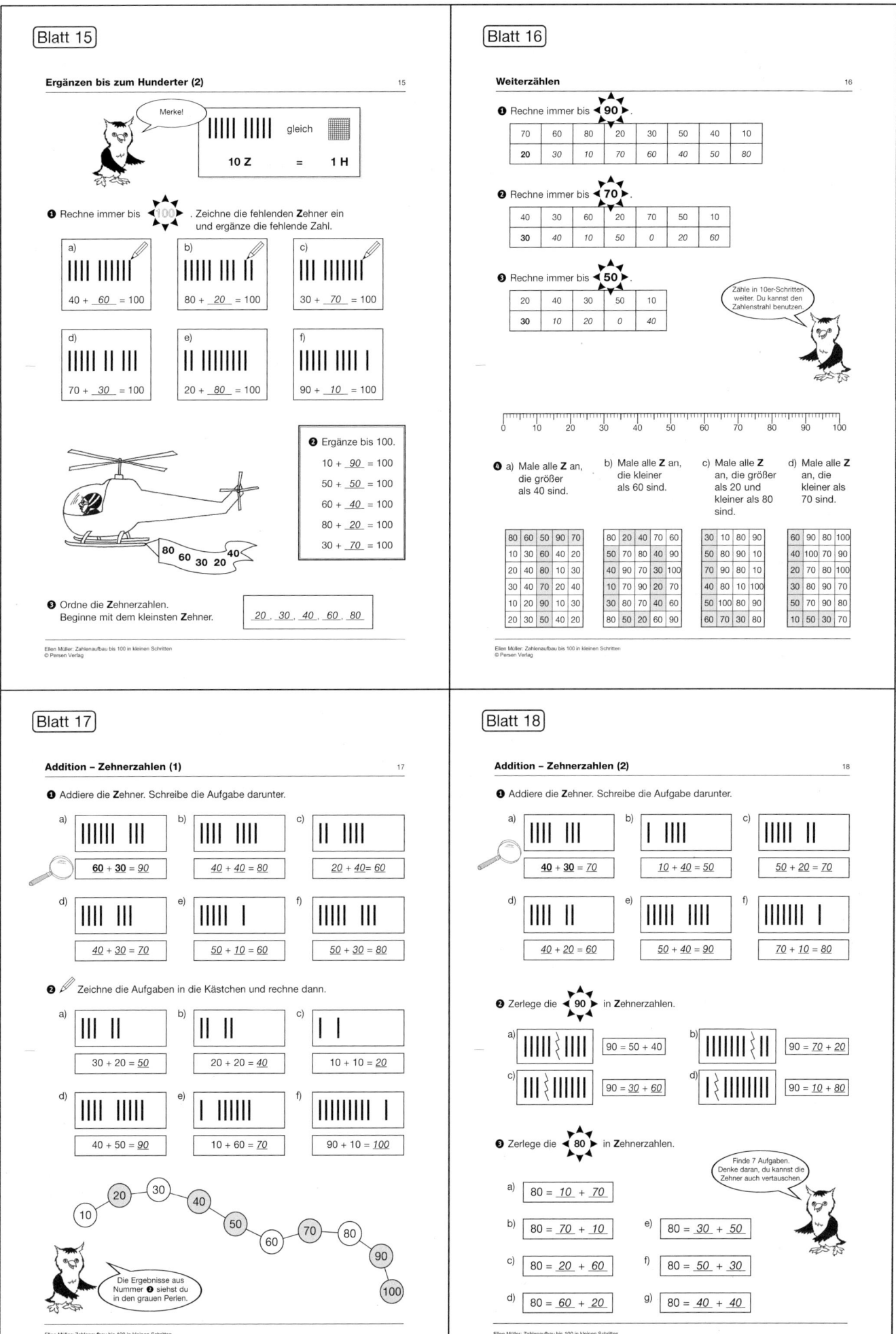

Lösungen

Blatt 19

Addition – Zehnerzahlen (3)

Das kannst du schon:
4 + 3 = 7

Dann kannst du das auch.
40 + 30 = 70

❶ Male die Zahlen in der bekannten Aufgabe aus.

a)		b)		c)	
5 + 3 =	8	4 + 4 =	8	50 + 40 =	90
50 + 30 =	80	40 + 40 =	80	70 + 10 =	80
2 + 2 =	4	6 + 3 =	9	40 + 50 =	90
20 + 20 =	40	60 + 30 =	90	30 + 20 =	50
7 + 2 =	9	2 + 8 =	10	10 + 60 =	70
70 + 20 =	90	20 + 80 =	100	60 + 20 =	80

❷ Finde die Aufgaben mit dem gleichen Ergebnis. Male sie mit der gleichen Farbe an.

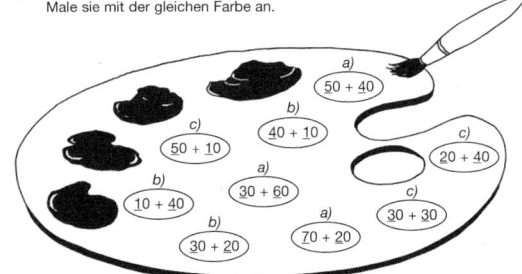

a) 50 + 40; 30 + 60; 70 + 20
b) 40 + 10; 10 + 40; 30 + 20
c) 50 + 10; 20 + 40; 30 + 30

Blatt 20

Zerlegen – Zehnerzahlen

❶ Familie Kaiser hat 100 € gewonnen. Verteile das Geld an alle Familienmitglieder.

50 €, 10 €, 10 €, 10 €, 20 €

Verteile das Geld anders.

100 € = 20 € + 20 € + 20 € + 20 € + 20 €

❷ Zerlege **90**. Finde **fünf** verschiedene Möglichkeiten.

a) 90 = 20 + 20 + 20 + 20 + 10
b) 90 = 50 + 10 + 10 + 10 + 10
c) 90 = 50 + 20 + 10 + 10
d) 90 = 30 + 20 + 20 + 20
e) 90 = 40 + 20 + 20 + 10

Du kannst die gleichen **Zehner** auch mehrmals verwenden.

Blatt 21

Ergänzen und Zerlegen

❶ Welche Zehnerzahlen werden eingetippt?

30 + _50_ = 80

a) 20 + _60_ = 80 → 6 0
b) 40 + _40_ = 80 → 4 0
c) 60 + _20_ = 80 → 2 0
d) 70 + _10_ = 80 → 1 0

❷ Ergänze!

a)		b)		c)			
20 +	50	= 70	40 +	20	= 60	40 + 50	= 90
40 +	30	= 70	30 +	30	= 60	30 + 60	= 90
60 +	10	= 70	50 +	10	= 60	10 + 80	= 90
50 +	20	= 70	20 +	40	= 60	70 + 20	= 90
30 +	40	= 70	60 +	0	= 60	50 + 40	= 90

❸ Zerlege die 100 in drei Zehnerzahlen.

Verwende diese **Zehner**: 20, 20, 20, 30, 50, 60

a) 100 = 20 + 20 + 60
b) 100 = 50 + 30 + 20

Blatt 22

Sachaufgaben (Addition)

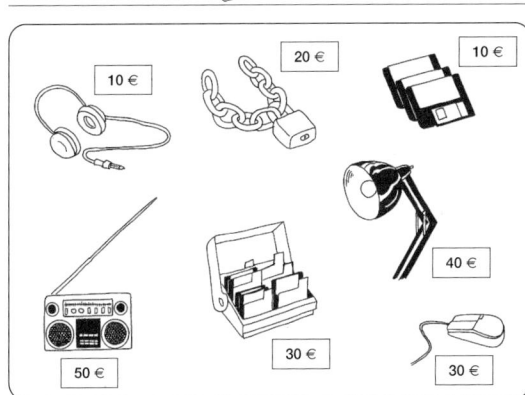

❶ Maik hat einen Gutschein über 80 €. Er muss den Gutschein einlösen, ohne dass Geld übrig bleibt. Bilde zwei Aufgaben.

a) 30 € + 50 € = 80 €
b) 10 € + 30 € + 40 € = 80 €

❷ Jessica hat 90 €. Sie möchte sich die Lampe und die Computermaus kaufen. Wie viel Geld bleibt übrig?

40 € + 30 € = 70 €   Antwort: Es bleiben 20 € übrig.

❸ Oliver möchte sich für 70 € **vier Dinge** kaufen. Er gibt sein ganzes Geld aus.

10 € + 10 € + 20 € + 30 € = 70 €

Lösungen

Blatt 23

Subtraktion – Zehnerzahlen (1)

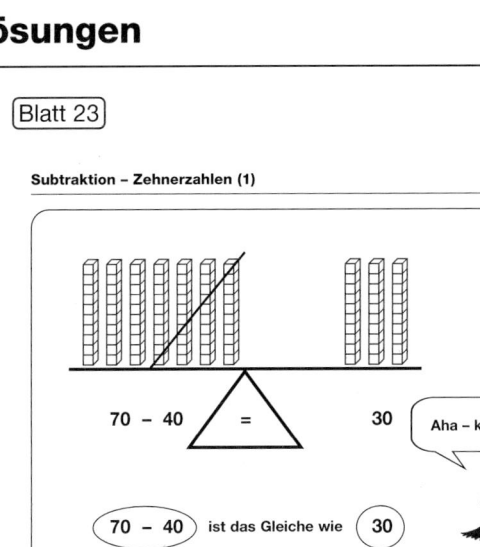

❶ Subtrahiere die **Z**ehner. Schreibe die Aufgabe darunter.

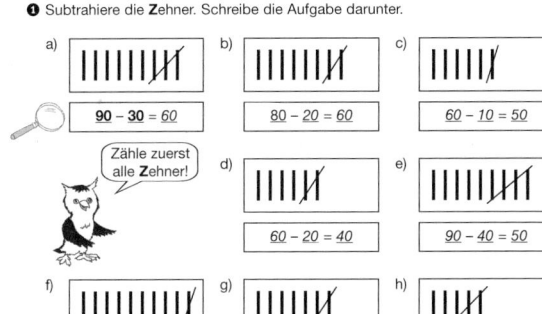

a) 90 – 30 = 60
b) 80 – 20 = 60
c) 60 – 10 = 50
d) 60 – 20 = 40
e) 90 – 40 = 50
f) 100 – 10 = 90
g) 70 – 20 = 50
h) 50 – 30 = 20

Blatt 24

Subtraktion – Zehnerzahlen (2)

❶ Streiche die **Z**ehner ab, die du subtrahieren sollst.

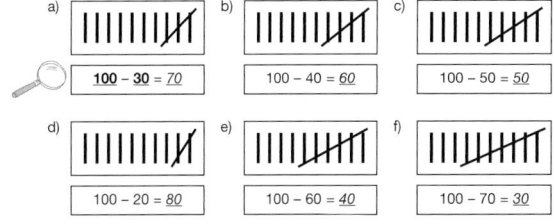

a) 100 – 30 = 70
b) 100 – 40 = 60
c) 100 – 50 = 50
d) 100 – 20 = 80
e) 100 – 60 = 40
f) 100 – 70 = 30

❷ Subtrahiere immer **20**.

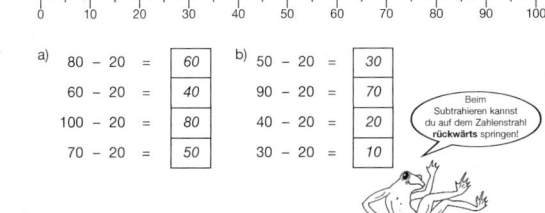

a) 80 – 20 = 60 | 50 – 20 = 30
60 – 20 = 40 | 90 – 20 = 70
100 – 20 = 80 | 40 – 20 = 20
70 – 20 = 50 | 30 – 20 = 10

❸ Subtrahiere die **Z**ehnerzahl.

a) 90 – 60 = 30 | b) 60 – 30 = 30
70 – 50 = 20 | 80 – 50 = 30
100 – 30 = 70 | 90 – 40 = 50
80 – 40 = 40 | 40 – 30 = 10

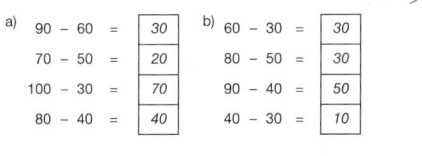

Ergebnisse zu ❷: 10 20 30 30 30 40 50 70

Blatt 25

Der schnelle Weg der Subtraktion

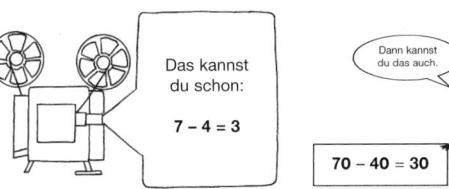

❶ Male die Zahlen der bekannten Aufgabe aus.

a) 7 – 3 = 4
70 – 30 = 40
4 – 2 = 2
40 – 20 = 20
7 – 2 = 5
70 – 20 = 50

b) 6 – 4 = 2
60 – 40 = 20
9 – 3 = 6
90 – 30 = 60
9 – 4 = 5
90 – 40 = 50

c) 50 – 40 = 10
70 – 20 = 50
80 – 50 = 30
90 – 30 = 60
80 – 60 = 20
60 – 50 = 10

Ergebnisse: 10, 20, 20, 20, 30, 30, 40, 40, 40, 50, 60, 70

❷ Subtrahiere. Die Ergebnisse nennt dir die 1. Schildkröte.

a) 90 – 50 = 40
60 – 30 = 30
50 – 20 = 30
80 – 10 = 70

b) 80 – 70 = 10
90 – 50 = 40
50 – 30 = 20
70 – 10 = 60

c) 50 – 20 = 30
90 – 20 = 70
80 – 40 = 40
70 – 40 = 30

Blatt 26

Subtraktion – Zehnerzahlen

❶ Suche Subtraktionsaufgaben, die immer das gleiche Ergebnis haben.

a) 80 – 30 → 50 ← 100 – 50
    ↑ 90 – 40

b) 60 – 20 → 40 ← 70 – 30
    ↑ 80 – 40

c) 90 – 30 → 60 ← 70 – 10
    100 – 40   60 – 0
    ↑ 80 – 20

d) 90 – 60
   100 – 70   50 – 20
   60 – 30 → 30 ← 30 – 0
   40 – 10   70 – 40
   ↑ 80 – 50

Lösungen

Blatt 27

Addition und Subtraktion – Zehnerzahlen (1)

❶ Nur die Pfeile mit dem richtigen Ergebnis treffen die Dartscheibe. Male die richtigen Nummern an.

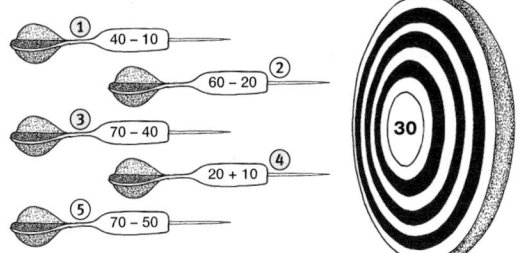

❷ Male hier die Pfeile an, die zum Ergebnis passen.

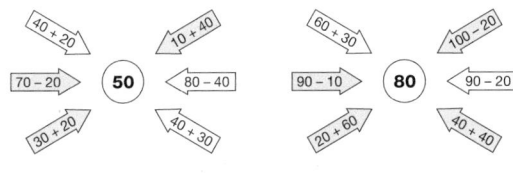

❸
a) 30 + 50 = 80
40 + 50 = 90
50 + 20 = 70
80 + 10 = 90
60 + 40 = 100

b) 80 − 70 = 10
60 − 50 = 10
90 − 30 = 60
50 − 40 = 10
30 − 20 = 10

c) 30 + 50 = 80
40 + 30 = 70
10 + 40 = 50
60 + 30 = 90
20 + 40 = 60

Blatt 28

Addition und Subtraktion – Zehnerzahlen (2)

❶ Male das richtige Ergebnis an.

a) 70 + 20 = **90**
50 + 30 = **80**
40 + 20 = **60**
10 + 70 = **80**
20 + 30 = **50**

b) 80 − 60 = **20**
60 − 40 = **20**
50 − 20 = **30**
80 − 50 = **30**
40 − 20 = **20**

❷ Rechne die Kettenaufgaben aus. Schreibe das Ergebnis in das Kästchen.

a) 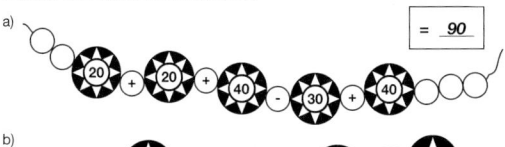 = 90

b) 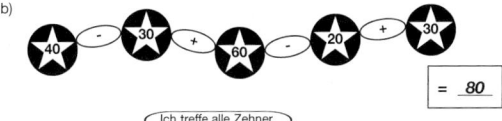 = 80

❸ Ich treffe alle Zehner, die größer als 50 sind.

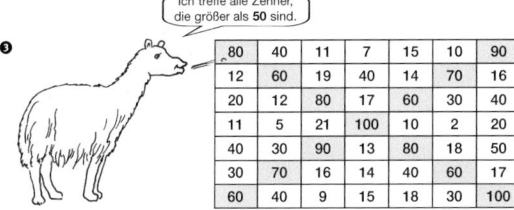

Markierte Zahlen: 80, 90, 60, 70, 60, 80, 90, 80, 70, 60, 60

❹ Welche Zehnerzahl ist um 20 kleiner als 70? **50**

Blatt 29

Addition und Subtraktion – Zehnerzahlen (3)

❶ Rechne die Aufgaben aus und ordne die Briefe in die richtige Box.

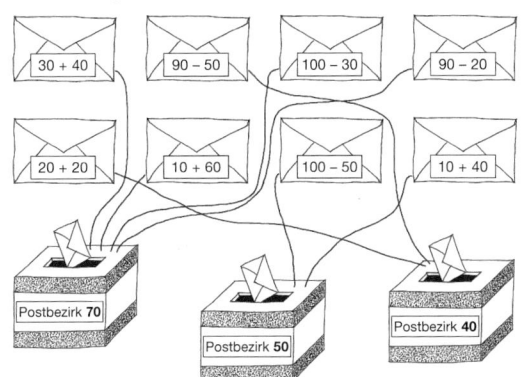

Postbezirk 70: 30 + 40, 100 − 30, 10 + 60
Postbezirk 50: 90 − 20, 10 + 40, (20 + 20 ...), 90 − 50
Postbezirk 40: 100 − 50

❷ Berechne.

a) 40 + 10 = 50
50 + 50 = 100
60 + 30 = 90
30 + 70 = 100
80 + 20 = 100

b) 60 − 20 = 40
40 − 10 = 30
60 − 50 = 10
80 − 50 = 30
90 − 80 = 10

c) 50 + 30 = 80
40 + 50 = 90
80 + 10 = 90
40 + 60 = 100
30 + 30 = 60

d) 80 − 20 = 60
60 − 60 = 0
70 − 40 = 30
80 − 40 = 40
100 − 70 = 30

e) 30 + 50 = 80
40 + 20 = 60
70 + 20 = 90
50 + 30 = 80
60 + 10 = 70

Blatt 30

Zweistellige Zahlen

❶ Schreibe ... so!   4 Z + 3 E = 43
40 + 3 = 43

a) 7 Z + 6 E = 76
70 + 6 = 76

b) 5 Z + 8 E = 58
50 + 8 = 58

c) 2 Z + 6 E = 26
20 + 6 = 26

d) 6 Z + 8 E = 68
60 + 8 = 68

❷ Wie heißen die Zahlen?   2 Z 5 E = 20 + 5 = 25

a) 3 Z 8 E = 30 + 8 = 38
b) 4 Z 7 E = 40 + 7 = 47
c) 2 Z 1 E = 20 + 1 = 21
d) 9 Z 3 E = 90 + 3 = 93

❸ Zeichne die Zehner und Einer.   28 = || ······

a) 56 = ||||| ······
b) 91 = ||||||||| ·
c) 15 = | ·····
d) 84 = |||||||| ····

Lösungen

Blatt 31

Zweistellige Zahlen (2)

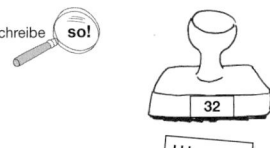

❶ Schreibe die Zahlen in den Stempel.

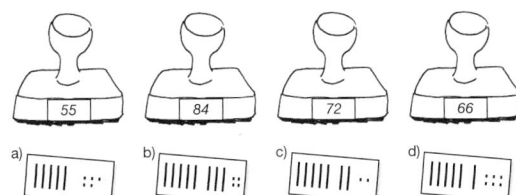
a) 55 b) 84 c) 72 d) 66

❷ Zeichne **Z**ehner und **E**iner in den Stempelabdruck.

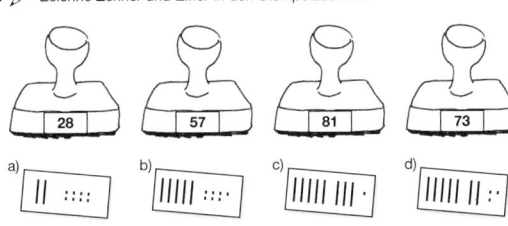
a) 28 b) 57 c) 81 d) 73

Blatt 32

Arbeit mit der Stellentafel (1)

❶ Schreibe die Zahlen in die Stellentafel.

	Hunderter	Zehner	Einer
a)		4	7
b)		8	8
c)		2	7
d)		6	8
e)	1	0	0
f)		5	9

❷ Lies die Zahlen deinem Partner vor.

a) 97, 79, b) 83, 38, c) 49, 94, d) 31, 13

Blatt 33

Zahlwörter (1)

❶ Verbinde die **E** und **Z** zu einem Zahlwort.

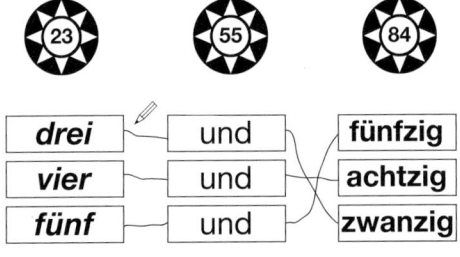

23 → drei und zwanzig
55 → fünf und fünfzig
84 → vier und achtzig

❷ Vergleiche die Zahlen mit den Zahlwörtern. Streiche das falsche Zahlwort durch.

4̶1 6̶5 3̶9 7̶6 2̶9

n̶e̶u̶n̶unddreißig – sechsundsiebzig – z̶w̶e̶i̶u̶n̶d̶n̶e̶u̶n̶zig

e̶i̶n̶undvierzig – n̶e̶u̶n̶undzwanzig – f̶ü̶n̶f̶undsechzig

❸ Zahlenfolgen.

a) 44, 45, 46, 4̶1̶, 47, 48, 49, 50, 51, 52, 5̶4̶, 53, 54

b) 56, 57, 5̶9̶, 58, 59, 60, 61, 2̶6̶, 62, 63, 64, 65, 66

c) 79, 7̶0̶, 80, 81, 82, 83, 84, 8̶6̶, 85, 86, 87, 88, 89

Blatt 34

Arbeit mit der Stellentafel (2)

❶ Schreibe die Zahlen in die Stellentafel.

	H	Z	E
a)		8	3
b)		5	6
c)		4	5
d)		3	2
e)	1	0	0
f)		2	9

❷ Verbinde die Luftballons mit den Zahlen auf dem Zahlenstrahl.

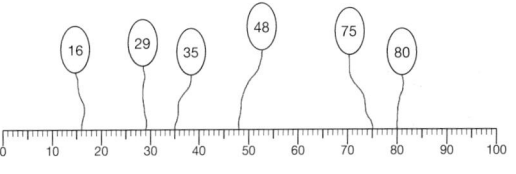

❸ Zähle weiter.

a) 23, 27, 31, _35_, _39_, _43_, _47_, _51_, _55_

b) 60, 64, 68, _72_, _76_, _80_, _84_, _88_, _92_

c) 57, 53, 49, _45_, _41_, _37_, _33_, _29_, _25_

Ellen Müller: Zahlenaufbau bis 100 in kleinen Schritten
© Persen Verlag

Lösungen

Blatt 35

Arbeit mit der Stellentafel (3)

❶ Lies die Zahlen und schreibe sie in die Stellentafel.

	H	Z	E
zweiundneunzig		9	2
dreiundsechzig		6	3
fünfundachtzig		8	5
sechsundzwanzig		2	6
siebenundsiebzig		7	7
dreiundvierzig		4	3
einhundert	1	0	0
vierunddreißig		3	4
einundzwanzig		2	1
achtundachtzig		8	8

❷ Verbinde die Luftballons mit den Zahlen auf dem Zahlenstrahl.

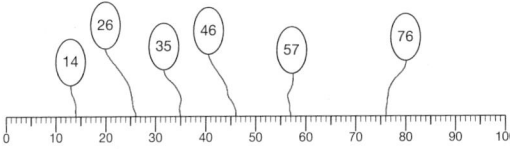

❸ Welche Zahlen liegen zwischen 49 und 60?

50, 51, 52, 53, 54, 55, 56, 57, 58, 59

❹ Schreibe alle zweistelligen Zahlen auf, bei denen Einer und Zehner aus den gleichen Ziffern bestehen.

11, 22, 33, 44, 55, 66, 77, 88, 99

Blatt 36

Zahlenvergleich

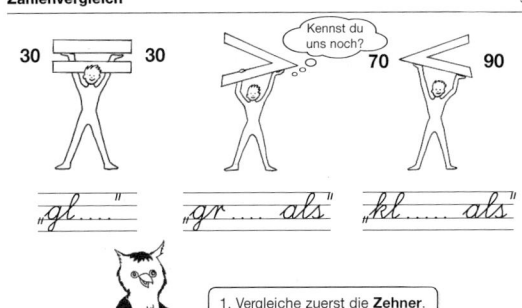

❶ Setze das richtige Zeichen ein.

a)	78	<	98	b)	97	>	43	c)	96	>	69	d)	84	>	83
	52	>	32		25	<	39		48	>	28		57	>	51
	54	=	54		36	<	74		33	<	83		10	<	100
	63	<	97		28	=	28		59	<	91		91	>	19

❷ Zahlen ordnen.

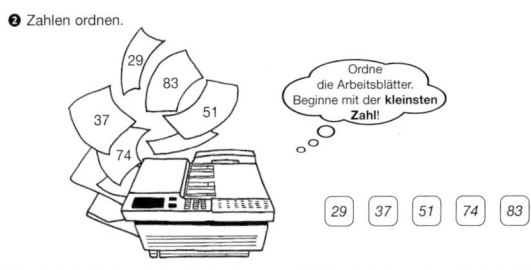

29 37 51 74 83

Blatt 37

Zahlwörter (2)

❶ Male folgende Zahlen an:

fünfunddreißig – fünfundneunzig – dreiundsiebzig – vierundsechzig – einundsiebzig – siebenundfünfzig

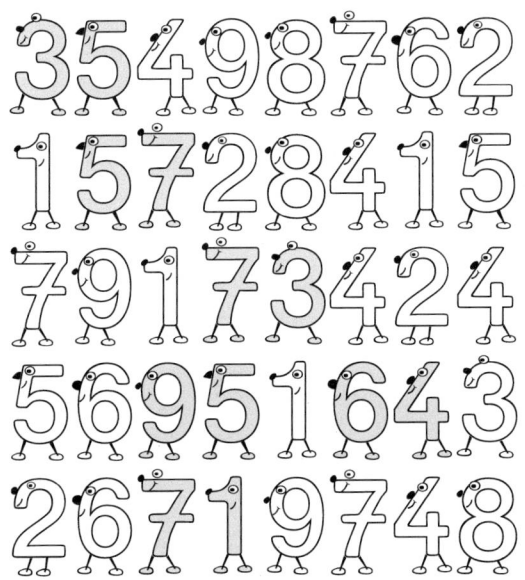

❷ Ordne die Zahlen! Beginne mit der größten Zahl!

95 73 71 64 57 35

Blatt 38

Zahlen vergleichen und ordnen

❶ Zähle immer eins weiter.

❷ Vergleiche die Zahlen. Setze das richtige Zeichen ein. <, =, >

a)	36	<	94	b)	96	>	69	c)	80	<	82	d)	73	>	37
	41	<	72		65	>	48		31	<	60		69	>	64
	86	<	95		74	<	89		28	>	27		82	<	88
	51	>	33		38	<	83		29	=	29		30	<	37

❸ Ordne die Zahlen. Beginne mit der größten Zahl.

| 89 | 87 | 63 | 54 | 37 | 26 |

❹ Schreibe alle Zahlen auf, die größer als **58** und kleiner als **65** sind.

| 59 | 60 | 61 | 62 | 63 | 64 |

Ellen Müller: Zahlenaufbau bis 100 in kleinen Schritten
© Persen Verlag

Lösungen

Blatt 39

Vorgänger und Nachfolger (1)

❶ Sabine hat am 18. April Geburtstag. Kreuze das Datum an.

❷ Welcher Tag kommt **vor** Sabines Geburtstag?
Schreibe die Zahl auf: 17

❸ Welcher Tag kommt **nach** Sabines Geburtstag?
Schreibe die Zahl auf: 19

❹ Schreibe den Vorgänger und den Nachfolger in die Tabelle.

Vorgänger a - 1	a	Nachfolger a + 1
17	18	19
22	23	24
15	16	17
18	19	20
24	25	26
28	29	30
9	10	11

Blatt 40

Vorgänger und Nachfolger (2)

❶ Trage die fehlenden Zahlen ein.

1	2	3	4	5	6	7	8	9	10
11	12	13	14	15	16	17	18	19	20
21	22	23	24	25	26	27	28	29	30
31	32	33	34	35	36	37	38	39	40
41	42	43	44	45	46	47	48	49	50
51	52	53	54	55	56	57	58	59	60
61	62	63	64	65	66	67	68	69	70
71	72	73	74	75	76	77	78	79	80
81	82	83	84	85	86	87	88	89	90
91	92	93	94	95	96	97	98	99	100

❷ Male die Zahlen und ihre **Vorgänger** gelb an:
4 15 6 8 17 26 42 50
52 60 76 85 87 94 96 98

❸ Male die Zahlen und ihre **Nachfolger** blau an:
45 und 55

❹ Male die Zahlen und ihre **Nachfolger** rot an:
1 9 12 18 23 27 34 36
64 66 73 77 82 88 91 99

❺ Male die Zahlen und ihre **Vorgänger** lila an:
22 30 33 39 44 54 48
63 58 72 69 80

Blatt 41

Addition ohne Zehnerübergang

Kennst du die Tiere des Waldes? Rechne die Aufgaben. Suche die Tiernamen.

❶
75 + 3 =	78	M
63 + 4 =	67	A
32 + 5 =	37	R
46 + 3 =	49	D
81 + 7 =	88	E
33 + 4 =	37	R

❷
66 + 3 =	69	K
35 + 2 =	37	R
44 + 4 =	48	Ö
71 + 5 =	76	T
82 + 6 =	88	E

❸
42 + 7 =	49	D
61 + 6 =	67	A
55 + 4 =	59	C
32 + 7 =	39	H
94 + 4 =	98	S

❹
84 + 5 =	89	I
23 + 2 =	25	L
73 + 3 =	76	T
83 + 6 =	89	I
92 + 6 =	98	S

67	88	89	48	76	49	59	39	98	25	78	37	69
A	E	I	Ö	T	D	C	H	S	L	M	R	K

Blatt 42

Ergänzen zum Zehner (1)

❶ Wie viele **E**iner fehlen bis zum nächsten **Z**ehner?
Zeichne die **E**iner und schreibe sie auf.

50 → 4

a) 80 → 9
b) 60 → 4
c) 20 → 1
d) 40 → 7
e) 50 → 7
f) 90 → 6

Lösungen

Blatt 43

Ergänzen zum Zehner (2)

Das kannst du schon: 7 + 3 = 10

❶ Ergänze zum nächsten **Z**ehner.

a) 8 + **2** = 10 b) 3 + **7** = 10 c) 6 + **4** = 10
4 + **6** = 10   6 + **4** = 10   5 + **5** = 10
7 + **3** = 10   9 + **1** = 10   2 + **8** = 10
5 + **5** = 10   0 + **10** = 10   1 + **9** = 10

Dann kannst du das auch.   2 + **?** = 10   4 + **?** = 10

d) 12 + **8** = 20   e) 14 + **6** = 20
32 + **8** = 40   24 + **6** = 30
42 + **8** = 50   44 + **6** = 50
52 + **8** = 60   84 + **6** = 90

❷ Ergänze bis …

16	11	13	19	15	17	12	14	18
4	9	7	1	5	3	8	6	2

→ 20

27	23	25	21	25	22	28	26	29
3	7	5	9	5	8	2	4	1

→ 30

Blatt 44

Ergänzen zum Zehner (3)

❶ Ergänze zum nächsten **Z**ehner.

Nutze den Zahlenstrahl!

40 — 50 — 60 — 70

a)
42	48	44	46	41	49	45	47	43
8	2	6	4	9	1	5	3	7

→ 50

b)
54	58	59	56	52	51	55	53	57
6	2	1	4	8	9	5	7	3

→ 60

c)
67	64	62	68	63	65	61	69	66
3	6	8	2	7	5	9	1	4

→ 70

Blatt 45

Ergänzen zum Zehner (4)

❶ Ergänze bis zum nächsten **Z**ehner.

Nutze den Zahlenstrahl!

20 — 30 — 40 — 50 — 60

a) 22 + **8** = 30   b) 32 + **8** = 40   c) 42 + **8** = 50
28 + **2** = 30   38 + **2** = 40   48 + **2** = 50
24 + **6** = 30   34 + **6** = 40   44 + **6** = 50
27 + **3** = 30   37 + **3** = 40   47 + **3** = 50
25 + **5** = 30   35 + **5** = 40   45 + **5** = 50

❷ Ergänze bis zum Zehner.

60 — 70 — 80 — 90

a)
66	61	63	69	64	68	62	65	67
4	9	7	1	6	2	8	5	3

→ 70

b)
82	88	84	86	81	89	85	87	83
8	2	6	4	9	1	5	3	7

→ 90

Blatt 46

Addition mit Zehnerübergang (1)

❶ Zerlege die **5**.

5 = **1** + **4**   5 = **3** + **2**
5 = **2** + **3**   5 = **4** + **1**
5 = **5** + **0**   5 = **0** + **5**

❷ Addition mit Überschreitung des **Z**.

57 + 5
57 + 3 + 2

❸ Addiere. Zerlege die zweite Zahl.

a) 87 + 5 = **92**   b) 29 + 5 = **34**   c) 68 + 5 = **73**
   87 + 3 + 2 = **92**   29 + **1** + **4** = **34**   68 + **2** + **3** = **73**

d) 66 + 5 = **71**   e) 78 + 5 = **83**   f) 36 + 5 = **41**
   66 + **4** + **1** = **71**   78 + **2** + **3** = **83**   36 + **4** + **1** = **41**

g) 27 + 5 = **32**   h) 46 + 5 = **51**   i) 89 + 5 = **94**
   27 + **3** + **2** = **32**   46 + **4** + **1** = **51**   89 + **1** + **4** = **94**

Ellen Müller: Zahlenaufbau bis 100 in kleinen Schritten
© Persen Verlag

Lösungen

Blatt 47

Addition mit Zehnerübergang (2)

❶ Zerlege die **6**.

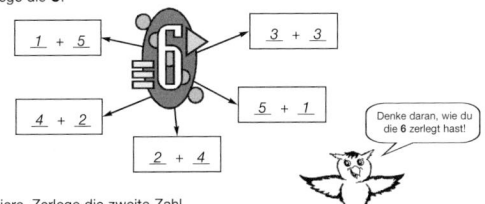

$1 + 5$ $3 + 3$ $4 + 2$ $5 + 1$ $2 + 4$

Denke daran, wie du die **6** zerlegt hast!

❷ Addiere. Zerlege die zweite Zahl.

a) $48 + 6 = 54$
$48 + 2 + 4 = 54$

b) $57 + 6 = 63$
$57 + 3 + 3 = 63$

c) $79 + 6 = 85$
$79 + 1 + 5 = 85$

d) $87 + 6 = 93$
$87 + 3 + 3 = 93$

e) $45 + 6 = 51$
$45 + 5 + 1 = 51$

f) $86 + 6 = 92$
$86 + 4 + 2 = 92$

❸ Zerlege die **7**.

$7 = 6 + 1$ $7 = 1 + 6$
$7 = 3 + 4$ $7 = 4 + 3$
$7 = 5 + 2$ $7 = 2 + 5$

❹ Addiere. Zerlege die zweite Zahl.

a) $27 + 7 = 34$
$27 + 3 + 4 = 34$

b) $36 + 7 = 43$
$36 + 4 + 3 = 43$

c) $58 + 7 = 65$
$58 + 2 + 5 = 65$

d) $69 + 7 = 76$
$69 + 1 + 6 = 76$

e) $44 + 7 = 51$
$44 + 6 + 1 = 51$

f) $85 + 7 = 92$
$85 + 5 + 2 = 92$

Blatt 48

Addition mit Zehnerübergang (3)

❶ Zerlege die **8**.

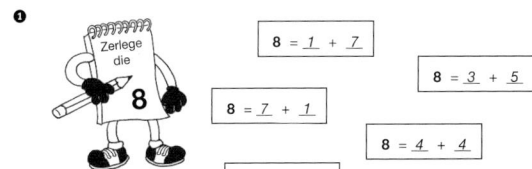

$8 = 1 + 7$ $8 = 3 + 5$
$8 = 7 + 1$ $8 = 4 + 4$
$8 = 6 + 2$ $8 = 5 + 3$ $8 = 2 + 6$

❷ Addiere. Zerlege die zweite Zahl.

a) $19 + 8 = 27$
$19 + 1 + 7 = 27$

b) $88 + 8 = 96$
$88 + 2 + 6 = 96$

c) $67 + 8 = 75$
$67 + 3 + 5 = 75$

d) $46 + 8 = 54$
$46 + 4 + 4 = 54$

e) $37 + 8 = 45$
$37 + 3 + 5 = 45$

f) $23 + 8 = 31$
$23 + 7 + 1 = 31$

❸

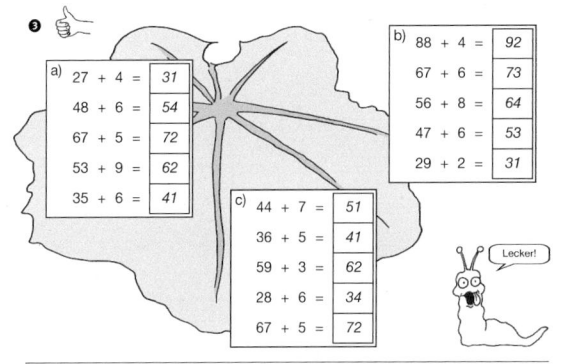

a) $27 + 4 = 31$
$48 + 6 = 54$
$67 + 5 = 72$
$53 + 9 = 62$
$35 + 6 = 41$

b) $88 + 4 = 92$
$67 + 6 = 73$
$56 + 8 = 64$
$47 + 6 = 53$
$29 + 2 = 31$

c) $44 + 7 = 51$
$36 + 5 = 41$
$59 + 3 = 62$
$28 + 6 = 34$
$67 + 5 = 72$

Lecker!

Blatt 49

Addition mit Zehnerübergang (4)

❶ Zerlege die 9.

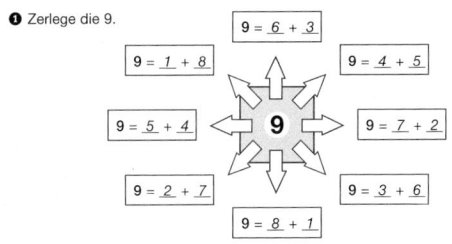

$9 = 6 + 3$
$9 = 1 + 8$ $9 = 4 + 5$
$9 = 5 + 4$ $9 = 7 + 2$
$9 = 2 + 7$ $9 = 3 + 6$
$9 = 8 + 1$

❷ Addiere. Zerlege die zweite Zahl.

a) $35 + 9 = 44$
$35 + 5 + 4 = 44$

b) $89 + 9 = 98$
$89 + 1 + 8 = 98$

c) $33 + 9 = 42$
$33 + 7 + 2 = 42$

d) $66 + 9 = 75$
$66 + 4 + 5 = 75$

e) $72 + 9 = 81$
$72 + 8 + 1 = 81$

f) $37 + 9 = 46$
$37 + 3 + 6 = 46$

g) $28 + 9 = 37$
$28 + 2 + 7 = 37$

h) $84 + 9 = 93$
$84 + 6 + 3 = 93$

i) $45 + 9 = 54$
$45 + 5 + 4 = 54$

j) $76 + 9 = 85$
$76 + 4 + 5 = 85$

k) $72 + 9 = 81$
$72 + 8 + 1 = 81$

l) $18 + 9 = 27$
$18 + 2 + 7 = 27$

❸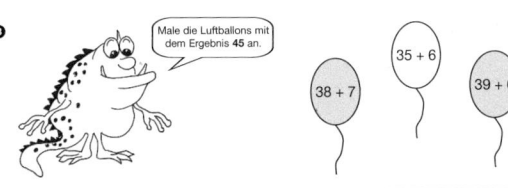

Male die Luftballons mit dem Ergebnis **45** an.

$38 + 7$ $35 + 6$ $39 + 6$

Blatt 50

Subtraktion mit Zehnerübergang (1)

❶ ✏ Streiche so viele **E**iner ab, dass du zum nächsten **Z**ehner kommst!

|||| // // // $46 - 6 = 40$

a) |||| ||| // // $84 - 4 = 80$

b) ||||| ///// / $56 - 6 = 50$

c) |||| ///// //// $49 - 9 = 40$

❷ Subtrahiere immer bis zum nächsten Zehner!

a) $23 - 3 = 20$
$29 - 9 = 20$
$26 - 6 = 20$
$21 - 1 = 20$

b) $34 - 4 = 30$
$37 - 7 = 30$
$32 - 2 = 30$
$38 - 8 = 30$

c) $42 - 2 = 40$
$44 - 4 = 40$
$48 - 8 = 40$
$45 - 5 = 40$

❸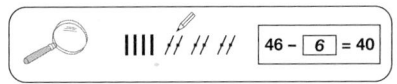

Immer **5** weniger.   Immer **5** weniger.

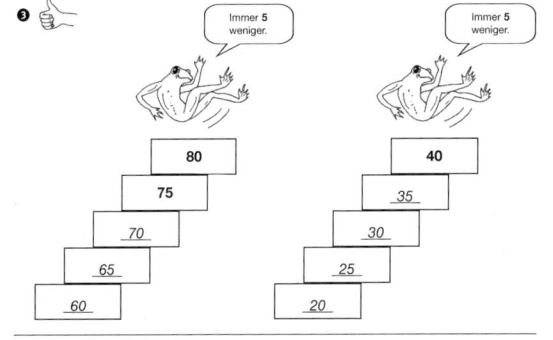

80, 75, 70, 65, 60

40, 35, 30, 25, 20

Lösungen

Blatt 51

Subtraktion mit Zehnerübergang (2)

❶ Subtrahiere **bis zum** nächsten **Z**ehner.   ❷ Subtrahiere **vom Z**ehner.

37 –7→ 30   40 –6→ 34

a) 73 –3→ 70   a) 40 –4→ 36
b) 63 –3→ 60   b) 60 –5→ 55
c) 28 –8→ 20   c) 80 –7→ 73
d) 93 –3→ 90   d) 90 –9→ 81

❸ Subtraktion mit Überschreitung des Z.

74 – 6
74 – 4 – 2

❹ Subtrahiere. Zerlege die zweite Zahl.

a) 43 – 8 = 35   b) 34 – 7 = 27   c) 54 – 6 = 48
   43 – 3 – 5 = 35   34 – 4 – 3 = 27   54 – 4 – 2 = 48

d) 25 – 8 = 17   e) 77 – 8 = 69   f) 26 – 8 = 18
   25 – 5 – 3 = 17   77 – 7 – 1 = 69   26 – 6 – 2 = 18

g) 22 – 6 = 16   h) 41 – 5 = 36   i) 34 – 7 = 27
   22 – 2 – 4 = 16   41 – 1 – 4 = 36   34 – 4 – 3 = 27

Blatt 52

Subtraktion mit Zehnerübergang (3)

❶ Subtrahiere bis zum nächsten **Z**ehner!

a) 81 – 1 = 80   b) 96 – 6 = 90   c) 28 – 8 = 20
   93 – 3 = 90   73 – 3 = 70   36 – 6 = 30
   46 – 6 = 40   52 – 2 = 50   49 – 9 = 40
   53 – 3 = 50   38 – 8 = 30   82 – 2 = 80

❷ Subtrahiere. Zerlege die zweite Zahl.

a) 32 – 6 = 26   b) 41 – 6 = 35   c) 26 – 8 = 18
   32 – 2 – 4 = 26   41 – 1 – 5 = 35   26 – 6 – 2 = 18

d) 44 – 7 = 37   e) 83 – 5 = 78   f) 71 – 5 = 66
   44 – 4 – 3 = 37   83 – 3 – 2 = 78   71 – 1 – 4 = 66

g) 33 – 4 = 29   h) 94 – 8 = 86   i) 73 – 5 = 68
   33 – 3 – 1 = 29   94 – 4 – 4 = 86   73 – 3 – 2 = 68

❸ Schreibe das Ergebnis in den Stern.

25 – 6 = 19
46 – 8 = 38
32 – 5 = 27
73 – 7 = 66
66 – 8 = 58
87 – 8 = 79
92 – 3 = 89
54 – 5 = 49

Lösungen: 19, 66, 49, 58
89, 79, 38, 27

Blatt 53

Subtraktion mit Zehnerübergang (4)

❶ Subtrahiere. Zerlege die zweite Zahl.

a) 23 – 4 = 19   b) 36 – 8 = 28   c) 32 – 7 = 25
   23 – 3 – 1 = 19   36 – 6 – 2 = 28   32 – 2 – 5 = 25

d) 37 – 9 = 28   e) 44 – 8 = 36   f) 63 – 5 = 58
   37 – 7 – 2 = 28   44 – 4 – 4 = 36   63 – 3 – 2 = 58

g) 25 – 7 = 18   h) 94 – 8 = 86   i) 76 – 9 = 67
   25 – 5 – 2 = 18   94 – 4 – 4 = 86   76 – 6 – 3 = 67

❷ Subtrahiere.

a) 54 – 4 = 50   b) 48 – 8 = 40   c) 55 – 7 = 48
   95 – 5 = 90   34 – 6 = 28   47 – 8 = 39
   73 – 3 = 70   57 – 8 = 49   93 – 4 = 89
   62 – 2 = 60   26 – 7 = 19   81 – 5 = 76
   31 – 1 = 30   62 – 5 = 57   75 – 6 = 69

Frosch: 30 40 39 57 49 60 76 50 19 48 69 28 90 70 89
„Mm, Zahlen schmecken lecker!"

❸ In einer Tüte waren 25 Bonbons. Nicole hat 5 gegessen und ihre Freundin hat 3 gegessen. Wie viele Bonbons sind übrig? **17** Bonbons.

Blatt 54

Addition und Subtraktion mit Zehnerübergang

Schreibe die Aufgaben in die Filmstreifen.
Das Ergebnis der ersten Aufgabe sagt dir, mit welcher Aufgabe es weitergeht.

① 38 + 3 = **41**   ② 41 – 5 = 36   ③ 36 – 7 = 29   ④ 29 + 5 = 34

⑤ 34 – 6 = 28   ⑥ 28 + 7 = 35   ⑦ 35 – 9 = 26   ⑧ 26 + 7 = 33

⑨ 33 + 9 = 42   ⑩ 42 + 9 = 51   ⑪ 51 – 3 = 48   ⑫ 48 + 5 = 53

Ende

① 38 + 3 = 41   ③ 36 – 7 = 29
⑤ 34 – 6 = 28   ⑧ 26 + 7 = 33
⑫ 48 + 5 = 53   ⑪ 51 – 3 = 48
④ 29 + 5 = 34   ② 41 – 5 = 36
⑦ 35 – 9 = 26   ⑥ 28 + 7 = 35
⑨ 33 + 9 = 42   ⑩ 42 + 9 = 51

Warum legen Hühner Eier? | Wenn sie die Eier werfen würden, | gingen sie kaputt.

Ellen Müller: Zahlenaufbau bis 100 in kleinen Schritten
© Persen Verlag

Alle Unterrichtsmaterialien
der Verlage Auer, PERSEN und scolix

jederzeit online verfügbar

lehrerbuero.de
Jetzt kostenlos testen!

» lehrerbüro
Das **Online-Portal** für Unterricht und Schulalltag!